U0395686

格致方法·定量研究系列 吴晓刚 主编

LISREL 方法：
多元回归中的交互作用

[美] 詹姆斯·杰卡德（James Jaccard） 著
崔凯万（Choi K. Wan）

李忠路 译 周穆之 校

SAGE Publications, Inc.

格致出版社 上海人民出版社

出版说明

　　由香港科技大学社会科学部吴晓刚教授主编的"格致方法·定量研究系列"丛书,精选了世界著名的SAGE出版社定量社会科学研究丛书,翻译成中文,起初集结成八册,于2011年出版。这套丛书自出版以来,受到广大读者特别是年轻一代社会科学工作者的热烈欢迎。为了给广大读者提供更多的方便和选择,该丛书经过修订和校正,于2012年以单行本的形式再次出版发行,共37本。我们衷心感谢广大读者的支持和建议。

　　随着与SAGE出版社合作的进一步深化,我们又从丛书中精选了三十多个品种,译成中文,以飨读者。丛书新增品种涵盖了更多的定量研究方法。我们希望本丛书单行本的继续出版能为推动国内社会科学定量研究的教学和研究作出一点贡献。

总　序

　　2003 年，我赴港工作，在香港科技大学社会科学部教授研究生的两门核心定量方法课程。香港科技大学社会科学部自创建以来，非常重视社会科学研究方法论的训练。我开设的第一门课"社会科学里的统计学"（Statistics for Social Science）为所有研究型硕士生和博士生的必修课，而第二门课"社会科学中的定量分析"为博士生的必修课（事实上，大部分硕士生在修完第一门课后都会继续选修第二门课）。我在讲授这两门课的时候，根据社会科学研究生的数理基础比较薄弱的特点，尽量避免复杂的数学公式推导，而用具体的例子，结合语言和图形，帮助学生理解统计的基本概念和模型。课程的重点放在如何应用定量分析模型研究社会实际问题上，即社会研究者主要为定量统计方法的"消费者"而非"生产者"。作为"消费者"，学完这些课程后，我们一方面能够读懂、欣赏和评价别人在同行评议的刊物上发表的定量研究的文章；另一方面，也能在自己的研究中运用这些成熟的方法论技术。

　　上述两门课的内容，尽管在线性回归模型的内容上有少量重复,但各有侧重。"社会科学里的统计学"从介绍最基本的社会研究方法论和统计学原理开始,到多元线性回归模型结束,内容涵盖了描述性统计的基本方法、统计推论的原理、假设检验、列联表分析、方差和协方差分析、简单线性回归模型、多元线性回归模型,以及线性回归模型的假设和模型诊断。"社会科学中的定量分析"则介绍在经典线性回归模型的假设不成立的情况下的一些模型和方法,将重点放在因变量为定类数据的分析模型上,包括两分类的 logistic 回归模型、多分类 logistic 回归模型、定序 logistic 回归模型、条件 logistic 回归模型、多维列联表的对数线性和对数乘积模型、有关删节数据的模型、纵贯数据的分析模型,包括追踪研究和事件史的分析方法。这些模型在社会科学研究中有着更加广泛的应用。

　　修读过这些课程的香港科技大学的研究生,一直鼓励和支持我将两门课的讲稿结集出版,并帮助我将原来的英文课程讲稿译成了中文。但是,由于种种原因,这两本书拖了多年还没有完成。世界著名的出版社 SAGE 的"定量社会科学研究"丛书闻名遐迩,每本书都写得通俗易懂,与我的教学理念是相通的。当格致出版社向我提出从这套丛书中精选一批翻译,以飨中文读者时,我非常支持这个想法,因为这从某种程度上弥补了我的教科书未能出版的遗憾。

　　翻译是一件吃力不讨好的事。不但要有对中英文两种语言的精准把握能力,还要有对实质内容有较深的理解能力,而这套丛书涵盖的又恰恰是社会科学中技术性非常强的内容,只有语言能力是远远不能胜任的。在短短的一年时间里,我们组织了来自中国内地及香港、台湾地区的二十几位研究生参与了这项工程，他们当时大部分是香港科技大学的硕士和博士研究生，受过严格的社会科学统计方法的训练，也有来自美国等地对定量研究感兴趣的博士研究生。他们是香港科技大学社会科学部博士研究生蒋勤、李骏、盛智明、叶华、张卓妮、郑冰岛，硕士研究生贺光烨、李兰、林毓玲、肖东亮、辛济云、於嘉、余珊珊，应用社会经济研究中心研究员李俊秀；香港大学教育学院博士研究生洪岩璧；北京大学社会学系博士研究生李丁、赵亮员；中国人民大学人口学系讲师巫锡炜；中国台湾"中央"研究院社会学所助理研究员林宗弘；南京师范大学心理学系副教授陈陈；美国北卡罗来纳大学教堂山分校社会学系博士候选人姜念涛；美国加州大学洛杉矶分校社会学系博士研究生宋曦；哈佛大学社会学系博士研究生郭茂灿和周韵。

参与这项工作的许多译者目前都已经毕业，大多成为中国内地以及香港、台湾等地区高校和研究机构定量社会科学方法教学和研究的骨干。不少译者反映，翻译工作本身也是他们学习相关定量方法的有效途径。鉴于此，当格致出版社和SAGE出版社决定在"格致方法·定量研究系列"丛书中推出另外一批新品种时，香港科技大学社会科学部的研究生仍然是主要力量。特别值得一提的是，香港科技大学应用社会经济研究中心与上海大学社会学院自2012年夏季开始，在上海（夏季）和广州南沙（冬季）联合举办《应用社会科学研究方法研修班》，至今已经成功举办三届。研修课程设计体现"化整为零、循序渐进、中文教学、学以致用"的方针，吸引了一大批有志于从事定量社会科学研究的博士生和青年学者。他们中的不少人也参与了翻译和校对的工作。他们在繁忙的学习和研究之余，历经近两年的时间，完成了三十多本新书的翻译任务，使得"格致方法·定量研究系列"丛书更加丰富和完善。他们是：东南大学社会学系副教授洪岩璧，香港科技大学社会科学部博士研究生贺光烨、李忠路、王佳、王彦蓉、许多多，硕士研究生范新光、缪佳、武玲蔚、臧晓露、曾东林，原硕士研究生李兰，密歇根大学社会学系博士研究生王骁，纽约大学社会学系博士研究生温芳琪，牛津大学社会学系研究生周穆之，上海大学社会学院博士研究生陈伟等。

陈伟、范新光、贺光烨、洪岩璧、李忠路、缪佳、王佳、武玲蔚、许多多、曾东林、周穆之，以及香港科技大学社会科学部硕士研究生陈佳莹，上海大学社会学院硕士研究生梁海祥还协助主编做了大量的审校工作。格致出版社编辑高璇不遗余力地推动本丛书的继续出版，并且在这个过程中表现出极大的耐心和高度的专业精神。对他们付出的劳动，我在此致以诚挚的谢意。当然，每本书因本身内容和译者的行文风格有所差异，校对未免挂一漏万，术语的标准译法方面还有很大的改进空间。我们欢迎广大读者提出建设性的批评和建议，以便再版时修订。

我们希望本丛书的持续出版，能为进一步提升国内社会科学定量教学和研究水平作出一点贡献。

吴晓刚

于香港九龙清水湾

目 录

序

处理复杂性的能力是衡量方法进步的一项重要指标。
我们所观察到的世界是由许多错综复杂的变量组成的。
为了理解它,研究者或许首先会求助于多元回归(普通最
小二乘法,OLS),因为它可以在统计控制下分析独立效应。
教科书中最常见的三变量模型为:

$$Y = a + bX + cZ + e \qquad [1]$$

其中 Y 表示因变量,X 和 Z 表示自变量,a 为截距,b 和 c
为斜率,e 是误差项。

方程[1]所暗含的一个基本假设是 X 对 Y 的影响与 Z
的取值无关。但是现实世界要比这复杂得多。具体来说,
X 对 Y 的影响是否取决于 Z 值,如果"是",那么就存在交
互作用,这表示一个乘积项应该被包括在内,如方程[2]
所示:

$$Y = a + bX + cZ + d(X \times Z) + e \qquad [2]$$

　　杰卡德、图里西和万等在《多元回归中的交互作用》中已经将交互作用引入了传统的多元回归分析中。本书通过运用整合了潜变量分析和 LISREL 估计的结构方程模型（structural equation modeling，SEM）将交互作用分析向前推进了几步。更为重要的是，在结构方程模型的框架下，OLS 分析中忽略的两个重要条件（多指标和测量误差）得到了很好的处理。（关于 SEM、LISREL 及潜变量分析的背景知识请参考本丛书中的《验证性因子分析》《协方差结构模型》及《潜变量对数线性模型》等书。）

　　杰卡德和万博士详细阐明了 LISREL 计算程序及其在结构方程模型中的应用。这是一个可以被输入 8 个不同矩阵的模型。由于运用的是 LISREL 软件的最新版本（第八版），本书的例子和展示对读者很有帮助。此外，作者还强调了关键点，例如，如何选择基准变量来定义潜变量矩阵，并且提供一个关于 LISREL 模型拟合度指标的有价值的比较讨论，包括经常会用到的卡方检验。关于这一检验，他们令其"反向地"逻辑清晰，即如果模型的卡方检验统计不显著，则表明模型的拟合比较好。这一特殊的关于交互作用的卡方检验包含"两步"：第一步，拟合不是强制的（如允许斜率在不同的组中有变化）；第二步，拟合是强制的（如限定斜率在不同的组中相等）。通过比较两个模型的结果，来检验是否非强制（含有交互作用）模型的拟合度更好。如果交互作用存在，其规模（IES）能够作为第二步卡方的减少被测量出来。

　　和多元回归类似，由于所有变量都是连续的，LISREL模型也可以包含乘积项。作者还对SEM（包含多指标和测量误差）与普通最小二乘法进行了比较。他们认为这两种方法各有利弊：当在高测量信度、样本规模较小，而且变量不服从多元正态分布时，OLS的估计更好。显然，这些条件通常是无法满足的，在这种情况下，SEM满足了研究者运用更高级、更符合现实的模型来分析交互作用的愿望。

　　　　　　　　　　　　迈克尔·S.刘易斯-贝克

前 言

本书是《多元回归中的交互作用》(Jaccard，Turrisi &
Wan，*Interaction Effects in Multiple Regression*)的姐妹
篇。在本书中，我们向读者介绍 LISREL 计算程序以及其
如何应用在回归模型中含有多个指标的交互作用分析中。
本书假定读者已经熟悉了我们前一部著作，但是我们不假
定 LISREL 和结构方程模型的先验知识。对结构方程模型
有限了解的读者可以查阅其他著作以熟悉这些模型检验
会涉及的复杂问题（如 Bollen，1989；Bollen & Long，
1993；Loehlin，1987）。

由于本书是教学导向的，这或许会令技术导向的读者
感到失望。我们的目标是向读者介绍一般的分析策略以
期他/她能够对这些分析方法有个总体的把握。本书的目
标读者是那些已经熟悉了传统多元回归的应用型研究者。
本书并不期望成为一本结构方程模型的教科书。由于篇

幅有限，我们无法深入讨论经验丰富的研究者提出的诸多问题。我们的做法是基于目前的文献尽可能地向读者推荐一些相关的参考材料。因为有些问题还在研究中，有时候这种处理也是非常困难的。与其置之不理，在意识到将来的研究或许会改变我们现有的推荐的前提下，我们仍决定从实践的角度向读者推荐我们"认为最好的"文献。

尽管有其他的用于结构方程模型分析的统计包，我们之所以选择 LISREL 程序是因为它的广泛应用，而且其最新的版本（LISREL 8.12）还允许参数的非线性限定。这些限定正是诸多交互作用分析形式的核心。LISREL 的主要竞争者 EQS 目前还没有拥有这个能力，虽然 CALIS（包含在 SAS 中）和诸如 COSAN 的程序拥有了这个能力，但我们认为它们的操作比起 LISREL 不是很友好。

此外，CALIS 和 COSAN 并不允许本书所强调的多组间比较分析。因为 SIMPLIS 语言最近不允许非线性限定，本书使用标准的 LISREL 软件以取代在更早 LISREL 中的 SIMPLIS 语言。尽管我们教授的程序操作还不够充分，有些地方会显得冗余，但是我们认为这符合教学的目的，也比较方便读者理解。当读者更加熟悉 LISREL 之后，可以采用比较简单的程序。

正如我们前一部著作，本书的分析仅限于首要预测变量和基准变量都实际上是连续的交互作用分析（当然调节变量可以是定性的或者定量的）。当所有的解释变量都是定性的（并且因变量为连续变量时），就回到了传统的方差或者多元方差分析。关于此类情况下结构方程模型应用的讨论，请参考肯尼（Kenny，1979）、屈内尔（Kuhnel，1988）、布雷和马克斯韦尔 Bray & Maxwell，1985）以及科尔、马克斯韦尔、阿维和萨拉斯（Cole，Maxwell，Arvey & Salas，1993）。

许多同事对本书的初稿给予了非常中肯的反馈。我们在此感谢大卫·布林伯格（David Brinberg）、卡罗尔·卡尔森（Carol Carlson）和约翰·林奇（John Lynch）的有益评论，以及两名匿名评阅人为提升书稿提供了极佳的建议。我们还要特别感谢本丛书的主编迈克尔·刘易斯-贝克（Michael Lweis-Beck），他对本书和前著的出版给予了极大的支持和帮助。

第 *1* 章

导论

对多元回归中连续变量之间交互作用的分析已经获得了越来越多的关注(如 Aiken & West，1991；Jaccard，Turrisi & Wan，1990)。近期的文章指出了交互作用分析在田野和观测研究中存在的固有问题(例如 McClelland & Judd，1993)。这些问题包括测量误差以及由此而导致的低统计效力。本书通过使用多指标和结构方程模型(SEM)来提供一条解决这些问题的方法。

请考虑下面的这个例子。一个研究者认为同辈压力会影响青少年的毒品使用行为，比如来自同辈中毒品使用行为的压力越大，该青少年越有可能使用毒品。然而，研究者同时也假定同辈压力对毒品使用行为的效应可能会受到他/她与父母关系的影响。当亲子关系差时，同辈压力对毒品使用行为的影响较大；但当亲子关系好时，同辈压力的影响或许就会消失。

检验这个假设的一个策略是利用多元回归分析。假设数据是从一组 800 个青少年中收集得来，包含对以下三个变量的定量测量：毒品使用行为(Y)，用 7 刻度来表示，数字越大表示毒品使用行为越多；同辈压力(X)，用 10 刻度来表示，数字越大表示同辈压力越大；亲子关系的质量(Z)，用 7 刻度来表示，数字越大表示关系越好。在这一分析中，Y 是标准量或因变量，X 是预测量或自变量，Z 是影响或"调节"X 对 Y 影响的调节变量。通常被用于检验（双线性）交互的回归模型使用一个乘积项，如：

$$Y = \alpha + \beta_1 X + \beta_2 Z + \beta_3 XZ + \varepsilon \qquad [1.1]$$

在残差项符合传统多元回归假定的条件下，如果系数 β_3 统计显著，就可以拒绝没有交互作用的零假设。β_3 的估计值提供了关于交互本质的信息。具体来说，它表明了调节变量 Z 一个单位的变化，会导致 Y 对 X 的斜率产生多少变化。例如，假定 β_3 的估计值为－3.5。这表明亲子关系每增加 1 个单位，同辈压力对毒品使用行为的影响（即毒品使用行为对同辈压力的斜率）将会降低 3.5 个单位。[1]

尽管这样的分析直接明了，但是它们也受制于社会科学数据中一个基本的问题——测量误差问题。社会科学数据通常含有测量误差，即测量是不可靠的。这些测量问题会导致在估计 β_3 时偏误以及降低统计检验的显著性，而且有时候其估计值是严重偏离的。例如，如果 X 与 Z 的相关系数为 0，X 和 Z 的测量的信度分别为 0.70，那么 XZ 的乘积项的信度将是 X 和 Z 信度的乘积，即仅为 0.49。含有测量误差的交互项所解释的因变量的方差还不到其真实交互作用规模的一半！如此低的信度降低了统计效力并且偏估了 β_3。因此，通过统计方法来纠正测量误差就显得十分必要。传统的回归分析无法处理这个问题。

本书主要介绍一些用来处理交互分析中测量误差的分析方法。本书涵盖了一系列的应用，包括定性调节变量、纵贯设计和乘积项分析等。在本章中，我们首先介绍测量误差的不同类型，然后介绍如何通过潜变量来表达测量误差，这是随后章节分析的基础，最后我们简单地介绍一下被用来执行分析的 LISREL 计算程序。

第 1 节 | 测量误差的类型

与我们的目的相关的一共有三种类型的测量误差。第一类与测量尺度有关：我们假定我们的数据为定距尺度时，它们实际上有可能只是定序尺度。本书讨论的分析策略假定关于连续变量的测量是定距尺度。而在实际中未必如此，从而包含了测量误差。社会科学中的许多变量实际上是定序尺度的，如果偏离不是很远，将其视为定距变量会得到比较有效的统计分析，可是这需要进一步的阐明。

有些研究者错误地把量表本身看成是定序或定距测量。例如，经常使用的里克特量表（Likert-type scale）是定序的。重要的是意识到测度性质并不是内置于量表中的，而是取决于数据本身，因而会受到数据收集中所有面向的影响。测量所具有的定距特性的程度不仅取决于用于观察的量表，同时还取决于观察对象的特征、数据收集的时间和情景等因素。请考虑下面这个简单但富有教学意义的例子。我们用两种不同的测度（英寸和身高排序）来测量五个研究对象的身高：

研究对象	身高(英寸)	排　序
A	72	5
B	71	4
C	70	3
D	69	2
E	67	1

　　大家知道，英寸的测量有定距的特性。例如，任何两个得分之间的 1 个差异与实际身高的差异是相同的。A 和 B 实际身高的差异与 C 和 D 身高的差异是一样的，度量标准反映了这一点（即 72－71＝1，70－69＝1）。同样地，D 和 E 身高的差异为 69－67＝2，A 和 C 身高的差异也是 2 英寸。这两个差异反映了身高的真实差异。可是注意，这些特性并不适用于排序的测量。例如 A 和 B 之间的差异是 1（即，5－4），D 和 E 之间的差异也是 1（即，2－1），相同的差异却对应着不同的身高差异（即，D 和 E 真实身高的差异要大于 A 和 B 的差异，正如用英寸测量明显所示的）。对于这些研究对象而言，排序仅有定序的特性而不具有定距的特性。

　　再来考虑有以下得分的五个不同研究对象：

研究对象	身高(英寸)	排　序
A	72	5
B	71	4
C	70	3
D	69	2
E	68	1

注意,对于这五个研究对象而言,排序测量具有定距的特性。A 和 B 之间得分的差异为 1,与 D 和 E 之间的差异相同。这些差异对应着真实身高的差异。在这个案例中,我们传统上认为是定序"尺度"的测量具有了定距测量的特性。假定 E 的身高不是 68 英寸而是 67.9 英寸,此时排序的测量就不具有严格意义上的定距特性,但是它们很接近,可以把其当做定距变量来对待。

这个例子说明,分析问题的关键不是确定测量是定序的还是定距的,而是这些测量在多大程度上近似定距的特性。如果比较接近定距特性,通常情况下数据可以运用假定定距特性的统计分析。如果远离定距特性,则需要考虑其他的分析策略。

心理学家已经发展出了一些衡量定距特性近似程度的方法(参考例如 Anderson, 1981, 1982；Wegener, 1982)。尽管这些方法既不完美也不具有普遍应用性,但是它们在很多情景下都可以得到有效的应用。蒙特卡洛研究(Monte Carlo studies)已经检验了偏离定距特性程度对参数统计的影响。对于多数统计检验而言,严重的偏离似乎对第一类错误和第二类错误没有严重的影响。这一复杂的文献反对对其研究结果的简化概括,感兴趣的读者可以参考博恩施泰特和凯特(Bohrnstedt & Cater, 1971)、布斯迈尔和琼斯(Busemeyer & Jones, 1983)、汤森(Townsend, 1990)以及汤森和阿什比(Townsend & Ashby, 1984)。本书并不考虑此种特殊形式的测量误差，并假定其足够接近定距特性以至于不会影响到我们进一步分析。

另外两种形式的测量误差是随机性测量误差和系统性测量误差。传统上，随机性测量误差通常与信度相关，其随机性影响可能会导致观测值在真实值上下波动。例如，受访者在回答态度问题时可能会因为他/她误读题目而做出的回答（将来如果采用同一份问卷，其或许不会误读从而给出不同的回答）。测量的信度是指测量免于随机误差的程度。如果一个测量的信度为 0.80，则表明其 20％的方差是随机误差，80％的方差是系统性的。

系统性测量误差是非随机的，它反映了测量差异受到了系统性影响而且在现有的测量框架下无法改进。社会偏好是系统性误差的一个主要来源。例如，关于毒品滥用的测量，可能也同时反映了个人愿意承认毒品使用的倾向性。随机误差和系统测量误差都会影响到方程[1.1]中 β_3 的估计。本书的步骤讨论有助于排除这种干扰的影响。

第 2 节 ｜ **用潜变量来呈现测量误差**

　　通过如图 1.1 展示的路径图,我们可以呈现变量的测量误差。毒品使用的测量,叫作 D1,用矩形来表示,毒品使用的真实情况(我们永远无法直接知道)用圆圈来表示,被称为一个潜变量。假定毒品使用的真实情况会影响到我们观察到的测量,因而我们用带有箭头的直线来表示这种因果关系。除了毒品使用的真实情况会影响到我们观测到的测量,其他因素也会影响到观测到的测量。这些影响

图 1.1　潜变量、观测变量和测量误差

反映在一个被称作 e 的误差项中。这一项反映所有其他导
致观测测量发生变化的变量（包括随机性和系统性）。

　　现在我们可以将方程[1.1]通过路径图的形式展现出
来，这个路径图反映了含有潜变量及测量误差的回归分
析，如同一个反映在每一个测量中都存在测量误差的测量
模型。图 1.2 中 P1、Q1 和 D1 代表潜变量。乘积项 P1Q1
是潜在乘积项的观察测量。潜变量间的因果路径用字母 p
来表示，这些路径系数也就是回归系数。因此，p_3 就直接
地类似于 β_3（尽管它表现为样本统计，正如没有希腊符号
所示）。路径系数不仅存在于潜在预测变量之间而且也存
在于潜变量与测量变量之间（尽管它们没有在图 1.2 中以 p
的形式展现）。路径系数表明了两个变量间的因果联系，

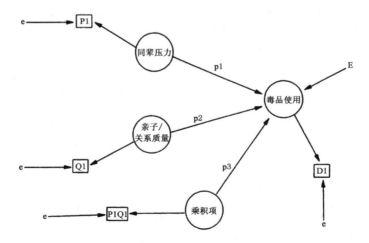

图 1.2　同辈压力和亲子关系质量对毒品使用影响的路径模型

可以解释为一个单位的预测变量的变化所带来的可预测的标准变量的变化（控制其他变量的前提下）。除了测量误差（e）外，还有与潜变量毒品使用行为相关的残差项 E。残差项表示除了这三个潜在预测变量——回归分析中的标准假定——之外的其他因素的影响。我们首要的理论兴趣是 p_3 的值和其显著性检验，因为它代表了对交互作用的估计。

前文的论述假定我们对每个概念只有一个测量指标。假定我们有三个而不是一个关于毒品使用的测量，其中每一个都可以用来作为真实毒品使用可互换的指标。进一步假定关于同辈压力和亲子关系质量也分别有 3 个测量指标，即总共有 9 个测量。我们用图 1.3 来表示新的路径模型。

毒品使用的 3 个测量指标为 D1、D2 和 D3，每一个指标都会受到代表真实毒品使用行为的潜变量和测量误差的影响。同辈压力的 3 个指标为 P1、P2 和 P3，亲子关系质量的三个指标为 Q1、Q2 和 Q3。每一个测量都假定是有瑕疵的。连接潜变量测量指标的曲线表明变量间假定是相关的，但是它们之间没有因果关系（我们在下一节解释毒品使用残差的其他曲线）。在本例中，我们假定潜在乘积项与其他潜在预测变量不相关（即进行了均值对中处理并且非乘积潜在预测变量服从多元正态分布）。为了减少混乱，有时会省略掉路径图中表示潜在预测之间的相关的曲线，潜在 X 相关的存在通常会以脚注的形式放在路径图的下面。潜在乘积项共有 9 个指标，代表了 3 个同辈压力和 3 个亲子关系质量指标的所有可能乘积项。

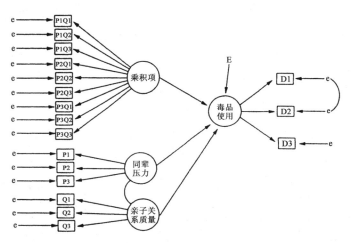

图 1.3　同辈压力和亲子关系质量对毒品使用影响的多指标路径模型

多指标模型的优势在于，通过多个指标可以估计测量误差的作用，从而在控制测量误差的情况下估计真实潜变量间的回归系数。这是区别于单指标模型的显著优势，当情况允许时，研究者应该寻求高质量的多指标测量。

第 3 节 │ 相关误差与无关误差

在上文所述的毒品使用模型中，我们假定所有的误差项都不相关。现在我们针对毒品使用的测量指标重新考察这一假定。我们假定毒品使用的测量 D1 和 D2 同时受到了潜变量（真实毒品使用）的影响，因此 D1 和 D2 应该是相关的，因为它们有一个共同的原因。我们假定 D1 和 D2 的误差项不相关，但是回答者报告的毒品使用行为（D1 和 D2）可能同时受到系统性误差的影响，D1 和 D2 都是毒品使用的自我报告，都可能受到社会倾向性影响。即 D1 和 D2 的部分误差同时包含了社会倾向性。因此两个误差项也是相关的。遵循这一逻辑，我们在 D1 和 D2 的两个误差项之间画了表示共同来源的曲线（见图 1.3）。

当画路径模型时，研究者要认真思考哪些误差项可能是相关的。简单来说，研究者需要发展出关于误差的理论来补充连接潜变量的结构理论。这在分析乘积项时非常重要，因为乘积指标之间以复杂的方式相关（参见第 4 章）。

第 4 节 ｜ **测量的精确性**

　　结构方程分析中另外一个非常重要的概念就是测量的精确性。尽管本书重点关注连续潜变量，可是在实践中，潜变量的观测指标很少是连续的。我们观测到的指标通常是由接近于定距特性的有限定序类别组成的。例如，测量"智力"的连续变量的范围可能是 0 到 15，数值越大代表智力水平越高。

　　测量的精确性是指测量所能做到的区分度。例如，智力取值范围为 0 到 100 的测量要比取值范围 0 到 25 的测量要更"精确"。测量的精确度会影响到结构方程建模，不精确的测量会引入更多的分析复杂性。我们假定本书所有的例子中，测量都足够精确以便进行传统的建模。

第 5 节 | 多指标模型分析：LISREL 导论

本书用来分析多指标测量模型的计算程序是 LISREL8.0。熟悉 LISREL 的读者可以跳过本节直接阅读第 2 章。我们将通过一个不含交互作用的多指标回归例子来展示 LISREL 软件的逻辑。含有乘积项的分析比较复杂，而通过简单的例子来展示会更易于理解。

假设研究者想要检验这样的理论：孩子在学校的成就动机（Y）会受到他/她母亲的成就取向（X）和他/她父亲的成就取向（Z）的影响。在传统的多元回归中，这个例子可以通过下面的简单线性模型来表示：

$$Y = \alpha + \beta_1 X + \beta_2 Z + \varepsilon \qquad [1.2]$$

假定每个变量都有 3 个测量指标。具体来说，C1、C2 和 C3 是孩子成就取向的指标，每个测量的取值范围为 1 到 10；M1、M2 和 M3 为母亲成就取向的指标，取值范围也是 1 到 10；F1、F2 和 F3 为父亲成就取向的测量指标，其取值范围也是 1 到 10。图 1.4 展示了这个模型的路径图。尽管不太符合本例的实际情况，我们还是假定误差项之间不相关。我们的任务是将这个模型转换为 LISREL 程序以便进行参数估计以及模型能够用数据进行检验。

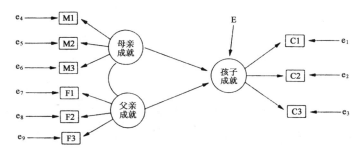

图 1.4 父亲和母亲的成就取向对孩子成就取向影响的多指标路径模型

　　LISREL 程序的第一部分相当简单，是关于数据录入的基本信息，下面是 LISREL 前五行的信息：

```
ANALYSIS OF CHILD ACHIEVEMENT
DA NO=278 NI=9
LA
C1 C2 C3 M1 M2 M3 F1 F2 F3
CM FI = CHILD.DAT
```

第一行是标题行。第 2 行是数据设定行，必须以字母 DA 起首，传达了数据输入的基本信息。NO 表示样本规模（观察数，本例为 278），NI 表示变量的总数（NI＝9）。 第 3 行表明变量的标签，必须以 LA 开头，变量的标签在 LA 的下一行输入。第 4 行提供输入变量的标签，每个变量的标签之间空一格，而且标签的顺序必须和数据输入的顺序一致，每个标签最多 8 个字符。第 5 行告诉 LISREL 获取命名为 CHILD.DAT 的文件，并以协方差矩阵（CM）读取。下三角协方差矩阵中观测变量的顺序必须和所有第 4 行观察变量的标签一致。CHILD.DAT 文件必须为无格式文件，即数据之间通过空格或逗号隔开。在本例中，CHILD.DAT 文件如下：

```
17.3
16.3  17.5
16.4  16.4  17.3
 5.1   5.1   5.1   5.6
 5.0   5.0   5.0   4.7  5.8
 5.7   5.6   5.6   4.9  5.1  6.2
 5.4   5.5   5.7   0.3  0.2  0.2  5.9
 5.6   5.8   5.9   0.5  0.3  0.6  4.9  5.9
 5.4   5.5   5.7   0.4  0.2  0.3  4.7  4.7  5.6
```

数据可以是任何形式的（比如每行只有一个数值），但是必须以下三角矩阵的顺序录入（即必须按照 17.3 16.3 17.5 的顺序）。

　　LISREL 会区分潜变量 X 和潜变量 Y。潜变量 Y 是指必须受到一个或以上的其他潜变量影响的变量。在本例中，儿童的成就取向是一个潜变量 Y，因为它受到潜在父亲成就取向和潜在母亲成就取向的影响。潜变量 X 是指不受其他任何潜变量影响的变量。在本例中，父亲和母亲的成就取向都是潜变量 X，因为在系统中它们不受其他潜变量的影响。潜变量 Y 有三个指标（C1、C2 和 C3），它们被称作观测变量 Y。潜变量 X 也有指标（M1、M2、M3、F1、F2、F3），它们被称作观测变量 X。如果变量的顺序与前文提到的 LISREL 中前 5 行中的顺序不同，研究者可以通过 Select(选择)命令来调整。这是可选的，如下所示：

```
SE
C1 C2 C3 M1 M2 M3 F1 F2 F3
```

第 1 行以 SE 开头，表明选择命令被激活。第 2 行用 LA 中的变量标签来重新设定变量顺序。注意，观测变量 Y 在前，然后是观测变量 X。在我们的例子中，起初的数据顺序就是正确的顺序，以此没有必要执行 SE 命令。LISREL 程序的下一行是模型行，如下所示：

```
MO NX=6 NY=3 NK=2 NE=1 LX=FU LY=FU TD=SY TE=SY BE=FU GA=FU PS=SY PH=SY
```

MO 是必须设定的，表明此行是模型行。NX 表示观测变量 X 的个数，NY 表示观测变量 Y 的个数，NK 表示潜变量 X 的个数，NE 表示潜变量 Y 的个数(在 LISREL 中，潜变量 X 被称作 Ksi 变量，因此写作 NK；潜变量 Y 被称作 Eta 变量，因此记作 NE)。我们后面会解释模型行中剩下的部分。MO 行中各个部分的顺序可以随意设置，但是 MO 行必须在我们上文讨论的行后面以及下文即将讨论的行前面。

紧接模型行后面的是用来给潜变量定义标签的，它们是：

```
LK
Mother Father
LE
Child
```

第 1 行的 LK 表明接下来的是为潜变量 X 加标签。紧接
另一行的标签，通过空格隔开，每个标签不能超过 8 个字
符。这里我们采用传统的标注方式，潜变量用小写字母，
观测变量用大写字母。这有助于我们在输出时对这类变
量加以区分。LE 行表明接下来为潜变量 Y 加标签。到目
前为止的程序如下：

```
ANALYSIS OF CHILD ACHIEVEMENT
DA NO=278 NI=9
LA
C1 C2 C3 M1 M2 M3 F1 F2 F3
CM FI = CHILD.DAT
MO NX=6 NY=3 NK=2 NE=1 LX=FU LY=FU TD=SY TE=SY BE=FU GA=FU PS=SY PH=SY
LK
Mother Father
LE
Child
```

模型转为 LISREL 程序需要用到 8 个矩阵。这或许看起来
有点复杂，其实程序很直接明了。每个矩阵都对应着图 1.4
中的不同部分。例如，一个矩阵表明潜变量 X 到潜变量 Y
的因果路径，另一个矩阵表明潜变量 X 到潜变量 X 指标
的因果路径，等等。我们的程序策略需要我们用 PA 行来
设定每一个矩阵的模式（很快就会解释）。

Lambda X 矩阵

这一矩阵关注从潜变量 X 到观测变量 X 的路径。矩
阵以列来表示潜变量 X，以行来表示观测变量 X，以 1 或 0
作为一个条目。在本例中矩阵如下：

	Mother	*Father*
M1	1	0
M2	1	0
M3	1	0
F1	0	1
F2	0	1
F3	0	1

如果在路径图中存在从潜变量到观测变量的因果箭头，则相应的单元格为 1。例如，M1 和 Mother 交叉的单元格为 1，因为存在从潜变量 Mother 到观测变量 M1 的因果箭头。如果不存在从潜变量到观测变量的因果箭头，则单元格为 0。0 表明"固定"该路径系数为 0，从而无需估计这个路径。用 LISREL 软件来表示 Lambda X 矩阵的模式用以下行：

```
PA LX
1 0
1 0
1 0
0 1
0 1
0 1
```

第 1 行有一个 PA 表明接下来的数据类型，LX 确定数据所描述的矩阵（LX 代表 Lambda X）。

Lambda Y 矩阵

Lambda Y（LY）矩阵聚焦从潜变量 Y 到观测变量 Y 的路径。矩阵用列来表示潜变量 Y，用行表示观测变量 Y，用

1 或 0 作为一个条目。我们的例子中的矩阵如下：

	Child
C1	1
C2	1
C3	1

和 Lambda X 矩阵一样，如果在从潜变量 Y 到观测变量 Y 的路径图中存在因果箭头，则相应单元格为 1。如果潜变量到观测变量中不存在因果箭头，则单元格为 0。

Theta Delta 矩阵

Theta Delta(TD)矩阵关注观测变量 X 的误差项（图 1.4 中的 e 变量）。它是一个在 e 得分之间的方差—协方差矩阵。它通常是一个正方形的、对称的矩阵。因此，如果有 6 个误差项，则 TD 为 6×6 的方形矩阵。如果只有 3 个误差项，则 TD 为 3×3 的方形矩阵。因为矩阵是对称的，设定整个矩阵是多余的。我们只需设定矩阵的下三角，就可以知道上三角了。这也是为何我们在模型命令中设定 TD＝SY(SY 代表对称，即这样我们只需设定下三角矩阵就可以了)。

矩阵以列表示与变量 X 有关的 6 个 e 得分，以行表示同样的 6 个 e 得分。单元格为 1 或 0。在我们的例子中：

	e_4	e_5	e_6	e_7	e_8	e_9
e_4	1					
e_5	0	1				
e_6	0	0	1			
e_7	0	0	0	1		
e_8	0	0	0	0	1	
e_9	0	0	0	0	0	1

矩阵的对角线部分,即所有的 1,表示误差的方差,并相当
于测量误差。1 表示我们希望估计在测量中有多少误差方
差。对角线外的部分表示相关误差。0 表示两个误差得分
不相关(即相关性被"固定"为 0),而 1 表示两个误差得分
相关,其协方差的大小需要被估计。在本例中,我们设定
任何误差得分都不相关。

Theta Epsilon 矩阵

Theta Epsilon(TE)矩阵关注 Y 观测变量的测量误差
(图 1.4 中的 e 变量)。它和 TD 矩阵在形式上是一样的,但
它比起 X 得分更关注 Y 得分。它同样通常是一个正方形、
对称的矩阵。因此如果 Y 变量有 3 个 e 得分,则 TE 为 $3 \times$
3 的矩阵。在我们的例子中,有 3 个 Y 变量有关的 e 得分,
因此 TE 矩阵是一个 3×3 的矩阵:

	e_1	e_2	e_3
e_1	1		
e_2	0	1	
e_3	0	0	1

我们通过这一模式矩阵表明我们希望估计观测变量 Y 的误差方差，并且没有误差和其他相关。

Phi 矩阵

Phi(PH)矩阵是潜变量 X 的方差—协方差矩阵。它通常是对称的(见前述 MO 行)。如果有 2 个潜变量 X，则 PH 是一个 2×2 的矩阵。如果有 4 个潜变量 X，则 PH 为 4×4 的矩阵。在我们的例子中，共有 2 个潜变量 X，并出现在行和列中：

	Mother	*Father*
Mother	1	
Father	1	1

和其他对称矩阵一样，我们只需输入下三角矩阵。1 表示参数需要估计，0 表示"固定"该参数为 0。对角线上的 1 告诉 LISREL 需要估计潜变量 X 的方差。这在本书中所有的例子中通常都是必要的。我们将在随后章节解释为何需要估计它们的方差。对角线外的元素为 1 则表示两个潜变量之间相关。这在多数情况下也是必要的。因此 Phi 矩阵最常见的形式为单元格均为 1 的下三角矩阵。如果对角线外的部分为 0，则 LISREL 将在限定父亲和母亲的成就取向的协方差为 0 的情况下得出参数估计。

Gamma 矩阵

Gamma(GA)矩阵说明了从潜变量 X 到潜变量 Y 的因果路径。下表以列表示 X 潜变量，以行表示 Y 潜变量：

	Mother	Father
Child	1	1

1表示从列变量到行变量的因果路径存在，0表示该条路径不存在。

Beta 矩阵

Beta(BE)矩阵说明了不同潜变量 Y 之间的因果路径。下表中以列表示潜变量 Y，并以行同样表示潜变量 Y。当讨论中的列变量影响行变量时，1 出现在矩阵单元格中，否则 0 出现。潜变量 Y 并不会直接影响自身，因此这一矩阵的对角线总是为 0。在本例中，只有一个潜变量 Y(Child)，因此这一矩阵的 PA 声明有一个 0 跟着它：

	Child
Child	0

Psi 矩阵

Psi(PS)矩阵关注在路径图中的潜在残差项 E。这些 E 变量只对于潜变量 Y 概念存在。PS 矩阵是一个方差—协方差矩阵,并在形式上对称(参见 MO 行)。不同的 E 得分用列表示,同样的 E 得分用行列出。对角线代表性地被设定为 1 表示我们希望估计潜在误差的方差。对角线外的部分被用来表明相关残差。在本例中,只有一个 E 得分,因此 Psi 是一个对角线为 1 的 1×1 的矩阵:

	E
E	1

将 8 个矩阵的设定加入最初的程序中,产出如下的程序代码:[2]

```
ANALYSIS OF CHILD ACHIEVEMENT
DA NO=278 NI=9
LA
C1 C2 C3 M1 M2 M3 F1 F2 F3
CM FI = CHILD.DAT
MO NX=6 NY=3 NK=2 NE=1 LX=FU LY=FU TD=SY TE=SY BE=FU GA=FU PS=SY PH=SY
LK
Mother Father
LE
Child
PA LX
1 0
1 0
1 0
0 1
0 1
0 1
PA LY
1
1
1
```

```
PA TD
1
0 1
0 0 1
0 0 0 1
0 0 0 0 1
0 0 0 0 0 1
PA TE
1
0 1
0 0 1
PA PH
1
1 1
PA CA
1 1
PA BE
0
PA PS
1
```

设定潜变量矩阵

尽管我们已将整个模型转化为 LISREL 程序语言了，还有一些细节工作要做。由于潜变量是观测不到的，因此并没有度量标准。例如，关于母亲成就取向的潜变量，其取值范围是 1 到 10？1 到 100？还是－3 到＋3？因此需要定义母亲成就取向潜变量的度量标准。通常的做法是将其中一个指标的度量标准分配给潜变量。例如，我们可以告诉 LISREL 去用和 M1 变量一样的度量标准。在这个例子中，M1 被称作参照变量或参照指标。为了定义潜变量的度量标准，每一个潜变量都需要设定一个参照测量指标。[3] 以下 LISREL 程序可做到这一点：

```
FI LX(1,1) LX(4,2), LY(1,1)
VA 1.0 LX(1,1) LX(4,2) LY(1,1)
```

第一行提取了 Lambda X 矩阵（或 Lambda Y 矩阵）中的单元格，用来设定参照变量。LX(1，1)表示 Lambda X 矩阵中的第一行和第一列，LX(4，2)表示 Lambda X 矩阵中的第四行和第二列，LY(1，1)表示 Lambda Y 矩阵中的第一行和第一列。因此 M1 将被设定为 Mother 的参照变量，这一潜变量可以被（笼统地）认为取值范围大约是 1 到 10，和 M1 一致。F1 为 Father 的参照变量，C1 是 Child 的参照变量。FI 命令告诉 LISREL 去"固定"（而非估计）所有此命令行的路径。LISREL 假定固定值是 0，除非特制指定，可以在 VA 行使用指定的值，其中 VA 代表"Value"（值）。VA 行列出了上一行的所有单元。这两行命令一起有把从相关变量到观测变量的路径系数固定在 1.0 的效果。再一次，所有潜变量，包括 X 和 Y，都必须有一个参照变量用来定义它们的度量标准。没有参照变量（也称作"参照指标"），LISREL 就无法知道潜变量在什么"度量标准"中被"测量"。参照指标的选择很关键，我们将会在第 2 章和第 5 章中进一步讨论。

最后一行是输出行，用来界定我们需要输出什么，形式通常如下：

OU SC RS MI

OU 行是必需的，SC 告知 LISREL 输出（完全）标准化解，RS 请求一个残差分析，MI 请求修改指标（参考附录 1）。整个程序命令如下：

```
ANALYSIS OF CHILD ACHIEVEMENT
DA NO=278 NI=9
LA
C1 C2 C3 M1 M2 M3 F1 F2 F3
CM FI = CHILD.DAT
MO NX=6 NY=3 NK=2 NE=1 LX=FU LY=FU TD=SY TE=SY BE=FU GA=FU PS=SY PH=SY
LK
Mother Father
LE
Child
PA LX              !         Mother Father
1 0                ! M1
1 0                ! M2
1 0                ! M3
0 1                ! F1
0 1                ! F2
0 1                ! F3
PA LY              !         Child
1                  ! C1
1                  ! C2
1                  ! C3
PA TD              !         M1 M2 M3 F1 F2 F3
1                  ! M1
0 1                ! M2
0 0 1              ! M3
0 0 0 1            ! F1
0 0 0 0 1          ! F2
0 0 0 0 0 1        ! F3
PA TE              !         C1 C2 C3
1                  ! C1
0 1                ! C2
0 0 1              ! C3
PA PH              !         Mother Father
1                  ! Mother
1 1                ! Father
PA GA              !         Mother Father
1 1                ! Child
PA BE              !         Child
0                  ! Child
PA PS              !         Child
1                  ! Child
FI LX(1,1) LX(4,2), LY(1,1)       ! 设定参照指标
VA 1.0 LX(1,1) LX(4,2) LY(1,1)    ! 设定参照指标
OU SC RS MI
```

这一程序表明了 LISREL 的另一个特性。当 LISREL 遇到感叹号时，它假定感叹号后面的都是评论（除非遇到用来表明终止评论的分号）。这些评论可以用来给程序加注释，以便于理解其中的逻辑。我们可以利用这些注释或备

注行来确定矩阵中行和列的内容。列通过 PA 行来注释，通过紧接 PA 行的下一行来注释行的内容。

在接下来的章节中，为了便于说明，我们同样会对程序的行编号。行数并不会直接出现在 LISREL 程序中，读者在写命令时候不要把数字写进去。现在我们也可以解释一下 MO 行中其他命令的含义。在此行中，我们列出每一个需要在 PA 行中进行设定的矩阵。字母缩写 SY 意味着该矩阵是对称的，字母缩写 FU 表明该矩阵是"完全的"（full），或非对称的。实际上没有必要在 MO 中列出每一个矩阵，因为 LISREL 内置了默认程序，对 PA 命令行也是如此。然而，我们认为对于初学者而言，这样做有助理解每个矩阵是如何通过 MO 和 PA 行设定的。

输出结果

表 1.1 是 LISREL 简要的输出结果。在解释输出结果前，我们需要考虑到所有结构方程模型的一个中心问题。在本例中，我们分析了含有 9 个观测变量的 9×9 的协方差矩阵，我们希望检验这个矩阵中方差和协方差的模式能否被图 1.4 的模型所解释，或者说，方差和协方差的模式是否和图 1.4 的模型一致。LISREL 会进行一系列的模型"拟合"检验以评估设定模型（如图 1.4）与观测样本数据的一致性。如果模型与数据一致，检验模型的路径系数和参数估计才有意义。如果模

型与样本数据不一致，那么它就相应地应该被拒绝。

LISREL 提供了多于 15 个不同的反映模型和协方差数据一致性的拟合评价指标，至于选用哪个指标来评价模型拟合的好坏一直存在争议。目前普遍认为应该采用多个评价指标(参考 Bollen & Long，1993)。附录 1 提供了相关问题的简短讨论以及关于比较预测方差和观测方差的最新进展。这里我们只关注一个模型拟合指标，即传统的卡方拟合检验。尽管我们强烈建议采用多个模型评价指标，但卡方检验足够用来展示本书的逻辑了。

卡方检验是完美模型拟合度的检验，该完美模型的原假设是模型在总体中完美地拟合了数据。统计显著的卡方意味着拒绝原假设，意味着模型拟合度不好而且有可能拒绝该模型。统计不显著的卡方表明模型拟合不错，并表明该模型可以被视为是可行的。读者需要注意，这里与传统的统计检验正好相反，在传统统计检验中一般原假设是"没有影响"或者"没有关系"。表 1.1 中 LISREL 输出结果的卡方值为 18.72，自由度为 24，统计检验不显著，表明这是一个可以接受的模型。

回到表 1.1，我们可以通过检查标为 LISREL ESTI-MATIONS 的输出结果和下面的 SQUARED MULTIPLE CORRELATIONS FOR Y-VARIABLES 和 SQUARED MULTIPLE CORRELATIONS FOR X-VARIABLES，来获得影响我们每个观测测量的测量误差。每个观测变量下方都列有一个值，相当于估计非测量误差结果的方差比

表 1.1　LISREL 简要输出结果

```
GOODNESS-OF-FIT STATISTICS

  CHI-SQUARE WITH 24 DEGREES OF FREEDOM = 18.72 (P = 0.77)

LISREL ESTIMATES (MAXIMUM LIKELIHOOD)

  SQUARED MULTIPLE CORRELATIONS FOR Y - VARIABLES

      C1      C2      C3
    ------  ------  ------
     0.94    0.93    0.96

  SQUARED MULTIPLE CORRELATIONS FOR X - VARIABLES

      M1      M2      M3      F1      F2      F3
    ------  ------  ------  ------  ------  ------
     0.80    0.84    0.87    0.83    0.83    0.81

  SQUARED MULTIPLE CORRELATIONS FOR STRUCTURAL EQUATIONS

     Child
    ------
     0.70

  GAMMA

        Mother  Father
        ------  ------
  Child  1.03    1.09
        (0.08)  (0.08)
        13.31   14.54

COMPLETELY STANDARDIZED SOLUTION

  CORRELATION MATRIX OF ETA AND KSI

         Child  Mother  Father
         ------ ------  ------
  Child  1.00
  Mother 0.59   1.00
  Father 0.64   0.07    1.00
```

例（即信度系数的值）。例如，C1 结果中有 94％的方差来自潜变量 Child，6％的方差是由其他因素造成的（测量误差）结果。潜变量 Child 解释了 C2 93％的方差；剩下的 7％意味着测量误差。在 LISREL ESTIMATES 部分中，称为 SQUARED MULTIPLE CORRELATIONS FOR STRUC-

TURAL EQUATIONS 是从调整了测量误差之后的潜在
预测中估计出来的对潜变量标准预期的平方复相关系数。
在本例中，值为 0.70，表明母亲和父亲的成就取向解释了
儿童成就取向方差的 70％。

在称为 GAMMA 的部分是不含截距的回归方程。尽
管在 LISREL 中也可以估计截距，但通常截距没有比斜率
更富有理论上的研究意义，因此此处不考虑截距。每个潜
变量下面是非标准化的回归系数。直接在系数下面的是估
计的标准误和 z 统计显著度。如果 z 的绝对值大于 1.96
（5％的 alpha），则该系数具有统计显著性。对于母亲成就取
向而言，非标准回归系数为 1.03 并且统计显著（$z = 13.31$，
$p < 0.05$）。以参照变量 M1 和 C1 的度量标准来讲，母亲
的成就取向每增加 1 个单位，则儿童的成就取向会增加
1.03 个单位。对于父亲成就取向而言，其非标准化的回归
系数为 1.09 并且统计显著（$z = 14.54$，$p < 0.05$）。以参照
变量 F1 和 C1 的度量标准来讲，父亲的成就取向每增加 1
个单位，则儿童的成就取向会增加 1.09 个单位。这些估计
系数都考虑了测量误差的影响（即图 1.4 中的误差理论）。
它们比传统的最小二乘估计好，因为后者被测量误差所扭
曲。最后，在称为 COMPLETELY STANDARDIZED SO-
LUTION 的部分中，所有潜变量之间的估计相关系数被列
在称为 CORRELATION MATRIX OF ETA AND KSI 的
分部中。

第 6 节 | **用线性方程来表示路径图**

　　图 1.4 的路径图,正如所有路径图一样,都可以转化为一系列的线性回归方程。这些方程是 LISREL 分析的基础。其中一个方程只关注潜变量。在图 1.4 中,潜变量 Y（儿童成就取向）是因变量,并被认为是两个潜变量 X（母亲成就取向和父亲成就取向）的线性函数。用例子的符号,回归方程如下:

$$CA = a + b_1 MA + b_2 FA + E \qquad [1.3]$$

其中 CA 是儿童成就取向的潜变量,MA 是母亲成就取向的潜变量,FA 是父亲成就取向的潜变量,E 是残差项,a 是截距,b_1 和 b_2 是回归系数（即路径系数）。这个方程通常叫做结构模型,因为它关注潜变量之间的结构关系。在 LISREL 中,这个方程的形式是由 Gamma 矩阵、Beta 矩阵和 Psi 矩阵来设定的。读者需要注意这三个矩阵都不包含截距项。由于截距通常不具有很大的研究意义,大部分 LISREL 应用不会直接估计截距项。我们会在第 4 章中展示需要估计截距的例子。

　　除了结构模型之外，测量模型也可以通过线性方程的形式来表达。每个测量指标都被认为是其潜变量加上测量误差的线性函数。例如，图 1.4 中观测变量 C1 的正式的回归方程是：

$$C_1 = a_{C1} + b_{C1} CA + e_1 \qquad [1.4]$$

其中 C1 是测量指标，CA 是儿童成就取向的潜变量，a_{C1} 是截距，b_{C1} 是回归系数（即路径系数），e_1 是残差。每个观测变量都有一个单独的回归方程。图 1.4 中共包含 9 个这样的方程。这些"测量方程"中各式的 b 系数是由在 LISREL 中通过 Lambda X 和 Lambda Y 矩阵来设定的，误差项 e 则通过 Theta Delta 和 Theta Epsilon 矩阵来设定。同样测量模型中通常也不包含截距项，我们将在第 4 章中正式讨论含有截距项的情况。

　　可见，图 1.4 的模型里实际上包含了 10 个线性方程，1 个结构方程和 9 个测量方程。通过不同于传统回归模型的估计方法（参见附录 1），LISREL 会同时估计总体中这10 个方程的系数（以及关注误差变量、相关预测和其他模型特征的参数）。部分原因正是由于每一个方程里面的预测变量都是潜变量，而无法直接被测量（预测变量在传统的多元回归里也是如此）。

第 7 节 | 多元回归与结构方程分析的统计假定

在本书中,我们会正式比较传统多元回归对交互作用的分析与含有多指标测量和最大似然估计的结构方程模型对交互作用的分析。了解这两种方法的统计假定对理解后面的内容很有帮助。传统的最小二乘法估计(方程[1.1])关于样本数据是随机选取的总体数据的统计假定如下:

1. 残差项的期望值为 0。

2. 残差项之间不存在序列相关(或从属)。

3. 残差显示不同 Y 得分值之间方差相同(同方差性)。

4. 预测的 Y 得分与残差得分的协方差为 0。

5. 预测变量之间不存在完全的多重共线性。

当满足这些假定时,一个普通最小二乘估计就被称为最佳无偏线性估计(the best linear, unbiased estimator, BLUE),而且在所有的线性无偏估计中拥有最小方差的特征(关于这些假定的详细解释,参见 Berry, 1993)。

尽管没有测量误差在其中并不是估计程序中的正式

假定，但传统回归的应用是建立在分析中的测量不是易错的这一假定之上的。测量误差的存在意味着观测得分与潜在于讨论中结构的真实得分存在差异，这会导致与真实得分相关的回归系数的有偏估计。而这些"真实得分"系数才是研究兴趣所在，因此有偏的估计是有问题的。

使用多指标、结构方程模型（SEM）的传统最大似然估计同样对总体数据的结构作了假定。从严格意义上来讲，估计方法假设被用来估计预测和标准变量的测量是多元正态分布的。残差也被假设是连续独立的、同方差的，和相关的外生预测变量无关，且均值为 0（详细解释参见 Bollen，1989）。满足这些假定时，回归系数的最大似然估计具有如下特性：

1. 它们是渐近无偏的，

2. 它们是一致估计，

3. 它们是渐近有效的，并且

4. 它们是渐近正态分布。

有效的估计还要求预测变量之间不存在完全多重共线性以及正定输入矩阵和预测协方差矩阵（参见附录 1）。当样本规模比较小时，这些特性未必会得到实现。

尽管测量中多元正态分布是理想的情况，可是也存在下面这种情况：即使数据没有多元正态分布，最大似然估计仍具有极好的特性。例如，即使总体分布不是多元正态分布，最大似然估计仍具有一致性，这意味着，当样本规模

增大时,样本估计最终会和总体参数的值趋同(尽管统计
显著性的测试可能不是有效的)。即使存在非多元正态分
布的情况,当满足下面这些条件时,最大似然估计仍具有
以上提到的所有四种特性:

1. 结构方程模型中的残差项是多元正态分布的(均值
为 0),并且在所有相关的预测变量的组合上具有相同
方差;

2. 残差不存在序列相关(即,是互相独立的),并且在
相关的预测变量上也是独立的;

3. 观测测量的分布不依赖于总体的 Beta、Gamma 或
者 Psi 参数(参见 Bollen,1989;Johnston,1984)。
同样地,如果外生变量是被固定的而非随机的,也可以放
松关于固定外生变量多元正态分布的假定而且不会影响
估计。

实际上,传统的多元回归分析是结构方程模型的一个
特例。具体来说,多元回归可以扮演对只有一个指标的潜
变量分析的角色,其中随机测量误差为 0,并且假定潜在和
观测测量是完美契合的。在这些条件下,多元回归的结构
方程模型(最大似然估计)表现将产生与传统最小二乘估
计一致的结果。当引入多指标测量和模型"过度拟合"时,
结构方程模型将与传统回归不同(参见附录 1)。

第**2**章

定性调节变量

  研究者经常会遇到，感兴趣的交互作用影响涉及调节变量——或是定性的，或是定量的——几乎没有值。通过 LISREL 中的"多组比较"策略就可以完成对此类交互作用的分析。请考虑下面这个例子。一组研究对象观看了一场两个总统候选人之间的电视辩论，然后让他们完成一组关于在多大程度上认为民主党候选人会获胜的量表。三个不同的量表被用来作为判断获胜的指标。第一个指标 S1 的取值范围为 0 到 20，另外两个指标(S2 和 S3)是多题项量表，其取值范围为 0 到 25。在这三个指标中，得分越高代表越高的获胜判断。

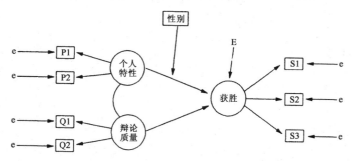

图 2.1　在一场辩论中对感知到的候选人个人特性和感知到的辩论质量来判断选举获胜可能的多指标路径模型

　　研究对象也会评价候选人的个人特性以及其辩论的说服水平。每个概念有两个指标。P1 和 P2 是代表研究对象感觉到的候选人个人特性测量指标，取值为 1 到 7，得分越高表示对候选人个人特性的打分越高。Q1 和 Q2 是代表对辩论质量的打分，也采用 7 分量表，得分越高表示辩论质量越好。

　　研究者希望检验图 2.1 中的路径模型。在这个模型中，关于选举获胜的潜变量被回归到候选人个人特性和辩论质量的潜变量。研究者假定从候选人个人特性潜变量到选举获胜的路径优势会因性别而有所不同。具体来说，研究者认为这个路径对女性的影响要大于男性。因此，在决定赢得辩论、选举获胜上存在着性别与感知到的候选人个人特性的交互作用。性别为调节变量(Z)，选举获胜得分为标准(Y)，感知到的候选人个人特性和辩论质量为预测变量$(X_1$ 和 $X_2)$。

第 1 节 │ 嵌套拟合优度策略

　　为了检验交互作用，以下两步是需要的。第一步，通过 LISREL 中的"多组比较"方案分别估计每组中的参数，以及同时考虑了两组的模型拟合优度。整体拟合优度的检验是通过将分别估计的每组的拟合测量整合在一起。整体卡方检验不显著意味着该模型在两组中得到了比较好的拟合，而整体卡方检验显著则表明该模型至少在一组中没有很好地拟合数据。在介绍第二步前，我们必须在第一步就找到拟合较好的模型。

　　第一步的分析并没有正式地评估交互作用，而是提供了当 LISREL 允许对每组参数分别进行估计时，该模型的拟合数据程度的信息。假定没有交互作用，事实上，感知到的候选人个性对选获胜得分的影响的路径系数在男性和女性中应该是相同的。这表明任何男性和女性之间的样本回归（路径）系数的差异都是因为抽样误差造成的。接下来，假定我们重新估计模型，但这次两组之间的系数相等。具体来说，我们允许 LISREL 在限定两组之间从感知的候选人个人特性到选举获胜得分的回归系数相等的情况下尽可能地拟合数据。如果确实没有交互作用且这两个路径系数在总体中是相等的,那么这一限定应该不会影响到涉及第一步分析的模型拟合。如果存在较大的交互作用,增加系数相等限定会严重影响到模型的拟合。因此,第二步就是涉及了这样的限定方案。然后将第二步的结果和没有施加限定的第一步的结果进行比较。总之,我们需要进行如下操作:

1. 利用多组比较的方法来计算模型拟合(如,通过卡方检测),多组比较中的 LISREL 在没有组间限定的情况下,估计不同组的参数。

2. 利用多组比较的方法来计算模型拟合(如,通过卡方检测),多组比较中的 LISREL 在有反映交互作用的组间限定的情况下,估计不同组的参数。

3. 通过比较有限定的模型和没有限定的模型来计算两个模型之间拟合的差异。根据差异的大小(和 0 相比)作出关于交互作用的结论(通过下面的程序)。

我们在第 1 章中介绍的 LISREL 程序策略可以用来完成第一步,不过要对男性和女性分别写编程,然后将它们一个叠在另一个上面。程序如下:

```
LINE
001    MALES - GROUP 1
002    DA NG=2 NO=154 NI=7
003    LA
004    S1 S2 S3 P1 P2 Q1 Q2
005    CM FI = MALE.DAT
006    MO NX=4 NY=3 NK=2 NE=1 LX=FU LY=FU TD=SY TE=SY BE=FU GA=FU
       PS=SY PH=SY
007    LK
008    Person Quality
```

```
009   LE
010   Success
011   PA LX              !         Person Quality
012   1 0                !   P1
013   1 0                !   P2
014   0 1                !   Q1
015   0 1                !   Q2
016   PA LY              !         Success
017   1                  !   S1
018   1                  !   S2
019   1                  !   S3
020   PA TD              !         P1 P2 Q1 Q2
021   1                  !   P1
022   0 1                !   P2
023   0 0 1              !   Q1
024   0 0 0 1            !   Q2
025   PA TE              !         S1 S2 S3
026   1                  !   S1
027   0 1                !   S2
028   0 0 1              !   S3
029   PA PH              !         Person Quality
030   1                  !   Person
031   1 1                !   Quality
032   PA GA              !         Person Quality
033   1 1                !   Success
034   PA BE              !         Success
035   0                  !   Success
036   PA PS              !         Success
037   1                  !   Success
038   FI LX(1,1) LX(3,2) LY(1,1)   ! 设定参照指标
039   VA 1.0 LX(1,1) LX(3,2) LY(1,1)   ! 设定参照指标
040   OU SC RS MI
041   FEMALES - GROUP 2
042   DA NO=125
043   LA
044   S1 S2 S3 P1 P2 Q1 Q2
045   CM FI = FEMALE.DAT
046   MO NX=4 NY=3 NK=2 NE=1 LX=FU LY=FU TD=SY TE=SY BE=FU GA=FU
      PS=SY PH=SY
047   LK
048   Person Quality
049   LE
050   Success
051   PA LX              !         Person Quality
052   1 0                !   P1
053   1 0                !   P2
054   0 1                !   Q1
055   0 1                !   Q2
056   PA LY              !         Success
057   1                  !   S1
058   1                  !   S2
059   1                  !   S3
060   PA TD              !         P1 P2 Q1 Q2
061   1                  !   P1
062   0 1                !   P2
063   0 0 1              !   Q1
```

```
064    0 0 0 1          !    Q2
065    PA TE            !          S1 S2 S3
066    1                !    S1
067    0 1              !    S2
068    0 0 1            !    S3
069    PA PH            !          Person Quality
070    1                !    Person
071    1 1              !    Quality
072    PA GA            !          Person Quality
073    1 1              !    Success
074    PA BE            !          Success
075    0                !    Success
076    PA PS            !          Success
077    1                !    Success
078    FI LX(1,1) LX(3,2) LY(1,1)    ! 设定参照指标
079    VA 1.0 LX(1,1) LX(3,2) LY(1,1)  ! 设定参照指标
080    OU SC RS MI
```

除了三处不同外，这两组叠加的命令基本上是一样的。第一，标题行不同（第 1 行和第 41 行），这是为了区分组；第二，CM 行（第 5 行和第 45 行）输入文件不同，表明数据定位在不同文件中；第三，第 1 组中的 DA 行（第 2 行）多了一个设定，即 NG＝2，NG 代表"组别的数目"，用来告知 LISREL 共有几个"堆叠的命令"或组别。这一行同时也设定了第 1 组中的样本规模。第 42 行是第 2 组中的 DA 行，设定第二组的样本规模。LISREL 假定输入变量的个数（NI）都与第 1 组中 DA 行（第 2 行）[4] 所设定的相等。

LISREL 的输出结果呈现了每组的参数估计，以及在最后一组后呈现了整体模型拟合度的卡方。分析中整体的卡方为 15.25，自由度为 22，不具有统计显著性。这表明该模型在各组中的拟合都比较好。"第 2 步"的命令与第 1 步基本相同，除了一个例外。在最后一组 OU 行（第 80 行）前加上一个"等同性限定"行：

`EQ GA(1,1,1) GA(2,1,1)`

此行告诉 LISREL 在参数估计时需要施加限定,即限定 EQ 命令后面的所有路径系数都相等。GA 表明对 Gamma 矩阵中的路径系数施加限定,括号中的第 1 个值是指组号,第 2 个值是指矩阵中的行数,第 3 个值是指矩阵中的列数。因此,我们告诉 LISREL 去限定 Gamma 矩阵中第 1 组第 1 行和第 1 列所对应的单元格与 Gamma 矩阵中第 2 组第 1 行和第 1 列所对应的单元格相等。这正是我们感到研究兴趣的路径系数。

施加等同性限定后,程序的卡方结果为 29.8,自由度为 23。第 2 步卡方减去第 1 步的差为 29.80 - 15.25 = 14.55。结果显示,这个差也呈卡方分布,其自由度等于第 2 步和第 1 步自由度之差,即, 23 - 22 = 1。 卡方为 14.55,自由度为 1,统计显著,表明拟合度差异。这表明交互作用是存在的,因为假定不含交互作用(即男性和女性的斜率相等)会严重地影响到模型的拟合。

第 1 步分析中 LISREL ESTIMATIONS 下的 Gamma 矩阵的路径系数提供了对男性和女性回归系数的估计。对男性而言,从潜变量候选人个人个性到选举获胜得分的路径系数为 0.95,可是对女性而言,其对应的路径系数为 1.88。由于嵌套拟合度检验,因此两个路径系数之间的差具有统计显著性。相比于男性而言,候选人个人特性对预测获胜得分的影响对女性更强。

　　通过嵌套拟合优度检验的多组分析策略可以用于任意组数及任何形式的限定。例如,下面的命令对从候选人个人特性到判断获胜可能性得分的路径系数施加了在 3 个不同种族的群体中都相等的限定(一个第 2 步分析)。

```
LINE
001     AFRICAN AMERICANS - GROUP 1
002     DA NG=3 NO=102 NI=7
003     LA
004     S1 S2 S3 P1 P2 Q1 Q2
005     CM FI= BLACK.DAT
006     MO NX=4 NY=3 NK=2 NE=1 LX=FU LY=FU TD=SY TE=SY BE=FU GA=FU
        PS=SY PH=SY
007     LK
008     Person Quality
009     LE
010     Success
011     PA LX           !           Person Quality
012     1 0             !   P1
013     1 0             !   P2
014     0 1             !   Q1
015     0 1             !   Q2
016     PA LY           !           Success
017     1               !   S1
018     1               !   S2
019     1               !   S3
020     PA TD           !           P1 P2 Q1 Q2
021     1               !   P1
022     0 1             !   P2
023     0 0 1           !   Q1
024     0 0 0 1         !   Q2
025     PA TE           !           S1 S2 S3
026     1               !   S1
027     0 1             !   S2
028     0 0 1           !   S3
029     PA PH           !           Person Quality
030     1               !   Person
031     1 1             !   Quality
032     PA GA           !           Person Quality
033     1 1             !   Success
034     PA BE           !           Success
035     0               !   Success
036     PA PS           !           Success
037     1               !   Success
038     FI LX(1,1) LX(3,2) LY(1,1)            ! 设定参照指标
039     VA 1.0 LX(1,1) LX(3,2) LY(1,1)        ! 设定参照指标
040     OU SC RS MI
041     HISPANICS - GROUP 2
042     DA NO=100 NI=7
043     LA
044     S1 S2 S3 P1 P2 Q1 Q2
```

```
045    CM FI= HISP.DAT
046    MO NX=4 NY=3 NK=2 NE=1 LX=PS LY=PS TD=PS TE=PS BE=PS GA=PS
       PS=PS PH=PS
047    LK
048    Person Quality
049    LE
050    Success
051    OU SC RS MI
052    WHITES - GROUP 3
053    DA NO=101 NI=7
054    LA
055    S1 S2 S3 P1 P2 Q1 Q2
056    CM FI= WHITE.DAT
057    MO NX=4 NY=3 NK=2 NE=1 LX=PS LY=PS TD=PS TE=PS BE=PS GA=PS
       PS=PS PH=PS
058    LK
059    Person Quality
060    LE
061    Success
062    EQ GA(1,1,1) GA(2,1,1) GA(3,1,1)
063    OU SC RS MI
```

　　这段程序展示了一个程序捷径，即我们不再将每组的所有程序都贴在第 1 组之后，而是删除了其后每组中所有相同的矩阵设置，并在 MO 行中相应地将每个矩阵的格式设定为 PS（将第 46 行和第 57 行与第 6 行进行比较）。这表明矩阵的格式设定与前面一组中的设定相同（尽管每组中参数的估计值可能有所不同）。等同性限定放在最后一组中 OU 行之前（第 63 行），并且此限制施加在所有三组之上。

　　将此组模型设定的卡方结果和没有施加等同性限定的"第 1 步"分析进行比较。第 1 步的卡方值为 44.96（自由度为 33），第 2 步的卡方值为 64.16（自由度为 35）。嵌套拟合优度检验的卡方差为 19.2（自由度为 2），且具有统计显著性，$p < 0.05$。这表明种族变量调节了候选人个人特征对选举获胜可能性判断的影响。

实际上,要确定三组中哪两组的路径系数显著地不同于其他组则需要对所有可能的两两组合(或一对优先指定组)进行嵌套的卡方检验,如果需要,还可通过修正过的Bonferroni 来控制的实验性的第一类错误。例如,比较第 1组和第 2 组中的潜在回归系数的检测有一行 EQ 行如下(第 62 行):

`EQ GA(1,1,1) GA(2,1,1)`

得出的卡方值与没有限制后得出的卡方值(即从第 1步分析得出的结果)进行对比。在当前的例子中,限制后得出的卡方值为 57.67(自由度等于 34),嵌套的卡方差为12.71(自由度为 1,$p < 0.01$)。比较第 1 组和第 3 组的潜在回归系数的检验在第 62 行的 EQ 行,显示如下:

`EQ GA(1,1,1) GA(3,1,1)`

上述限制方案的卡方值为 46.59(自由度为 34),嵌套卡方差为 1.63(自由度为 1,不显著)。比较第 2 组和第 3组的检测在第 62 行的 EQ 行中,如下:

`EQ GA(2,1,1) GA(3,1,1)`

将这一分析的卡方与第 1 步中的卡方检测进行比较。限制方案的卡方值为 56.91(自由度为 34),嵌套的卡方差为 11.95(自由度为 1,$p < 0.01$)。

我们推荐使用修正过的 Bonferroni 方法来控制实验性误差率是基于霍尔姆的论述(Holm,1979;还可参考

Holland & Copenhaver，1988；Seaman，Levin & Serlin，1991）。它比传统的 Bonferroni 方法更强大，并且同时保持实验误差率控制在满意的 alpha 水平上（通常为 0.05）。其应用程序如下：首先，通过自建卡方分布的表格或者利用计算机程序来获得用于每组比较的 p 值。这些 p 值是基于"第 2 步"和"第 1 步"程序中的卡方差计算出来的，其关注配对比较，并展现假设原假设无影响属实的前提下观察到卡方差的可能性。然后将 p 值由小到大排序。相等的 p 值可以任意排序或者根据理论来排序；之后用 $0.05/c$ 的 alpha 来评估最大的差（p 值最小），其中 c 是指两两比较的总对数。如果这一检测表明拒绝原假设，则用 $0.05/(c-1)$ 的 alpha 检验下一个最大的差异值；如果其结果还是拒绝原假设，则继续用 $0.05/(c-2)$ 的 alpha 水平来检验接下来最大的差异值。如此类推，直到遇到不显著的差异值。在这个例子中，p 值和 alpha 水平如下：

顺序(i)	卡方	p 值	$\alpha/(c-i+1)$	比较组别
1	12.71	0.000 4	0.017	非裔 vs.西班牙裔
2	11.95	0.000 8	0.025	西班牙裔 vs.白人
3	1.63	0.129	0.050	非裔 vs.白人

非裔美国人和西班牙裔美国人之间的路径系数的差异是统计显著的，正如白人和西班牙裔人之间路径系数的差异也是统计显著的。

第 2 节 ｜ 三向交互作用

　　通过多组比较策略，我们也可以分析三向交互作用。假定研究者认为，性别对候选人个人特性与判断选举获胜可能性的影响会因研究对象是民主党派还是共和党派而有所不同。他或她辩说，由于共和党倾向于比民主党更加传统，因此路径系数中的性别差异可能在共和党中比在民主党中更加明显。我们可以运用以下策略来检验三向交互作用：首先，对图 2.1 模型估计中的没有跨组等同性限定的四组（男性民主党，女性民主党，男性共和党，女性共和党），进行"第 1 步"分析。程序命令如下：

```
LINE
001    MALE DEMOCRATS
002    DA NG=4 NO=101 NI=7
003    LA
004    S1 S2 S3 P1 P2 Q1 Q2
005    CM FI= MALEDEM. DAT
006    MO NX=4 NY=3 NK=2 NE=1 LX=FU LY=FU TD=SY TE=SY BE=FU GA=FU
       PS=SY PH=SY
007    LK
008    Person Quality
009    LE
010    Success
011    PA LX              !            Person Quality
012    1  0               !    P1
013    1  0               !    P2
014    0  1               !    Q1
015    0  1               !    Q2
016    PA LY              !            Success
```

```
017    1                   !   S1
018    1                   !   S2
019    1                   !   S3
020    PA TD               !       P1 P2 Q1 Q2
021    1                   !   P1
022    0 1                 !   P2
023    0 0 1               !   Q1
024    0 0 0 1             !   Q2
025    PA TE               !       S1 S2 S3
026    1                   !   S1
027    0 1                 !   S2
028    0 0 1               !   S3
029    PA PH               !       Person Quality
030    1                   !   Person
031    1 1                 !   Quality
032    PA GA               !       Person Quality
033    1 1                 !   Success
034    PA BE               !       Success
035    0                   !   Success
036    PA PS               !       Success
037    1                   !   Success
038    FI LX(1,1) LX(3,2) LY(1,1)      !设定参照指标
039    VA 1.0 LX(1,1) LX(3,2) LY(1,1)  !设定参照指标
040    OU SC RS MI
041    FEMALE DEMOCRATS
042    DA NO=101 NI=7
043    LA
044    S1 S2 S3 P1 P2 Q1 Q2
045    CM FI= FEMDEM.DAT
046    MO NX=4 NY=3 NK=2 NE=1 LX=PS LY=PS TD=PS TE=PS BE=PS GA=PS
       PS=PS PH=PS
047    LK
048    Person Quality
049    LE
050    Success
051    OU SC RS MI
052    MALE REPUBLICANS
053    DA NO=102 NI=7
054    LA
055    S1 S2 S3 P1 P2 Q1 Q2
056    CM FI= MALEREP.DAT
057    MO NX=4 NY=3 NK=2 NE=1 LX=PS LY=PS TD=PS TE=PS BE=PS GA=PS
       PS=PS PH=PS
058    LK
059    Person Quality
060    LE
061    Success
062    OU SC RS MI
063    FEMALE REPUBLICANS
064    DA NO=102 NI=7
065    LA
066    S1 S2 S3 P1 P2 Q1 Q2
067    CM FI= FEMREP.DAT
068    MO NX=4 NY=3 NK=2 NE=1 LX=PS LY=PS TD=PS TE=PS BE=PS GA=PS
       PS=PS PH=PS
069    LK
```

```
070    Person Quality
071    LE
072    Success
073    OU SC RS MI
```

　　"第 2 步"的程序是一样的,除了需要增加如下一行:

```
CO GA(1,1,1) - GA(2,1,1) = GA(3,1,1) - GA(4,1,1)
```

这一限定行加在最后一组输出行之前(即在第 72 行之后)。由于包含了参数的数学运算,这里需要运用 CO 命令而非 EQ 命令。CO 行限定民主党中的男性和女性的路线系数差异等同于共和党中的男性和女性之间的路径系数差异。如果在两个党派中的性别差异并不相同,则意味着存在三向交互作用。

　　如果通过引入这一限定(例如,第 1 步和第 2 步分析的卡方差异统计显著),模型的拟合有显著的改变,那么就存在三向交互作用。在本例中,有限定的卡方为 49.49(自由度为 45),没有限定的卡方为 37.49(自由度为 44),嵌套卡方差为 12.00(自由度为 1),即具有统计显著性($p <$ 0.05)。对共和党而言,男性和女性之间的路径系数的差异(通过从第 1 步对每组估计的路径系数中获得)为 -1.40,对民主党而言,相应的路径系数差异为 0.10。这两者之间的差异是统计显著的,正如由嵌套卡方统计的统计显著性所反映的。

　　为了检验民主党内部男性和女性的路径系数差异(-1.40)是否显著地不等于 0,我们可以比较第 1 步的卡方

和限定这两个路径相等的程序导出的卡方。这需要在第 1
步程序的 OU 行（第 73 行）之前加入如下行：

`EQ GA(3,1,1) GA(4,1,1)`

统计显著的嵌套卡方检测表明－1.40 的差异是统计显著
的。对共和党相应的比较可以将上述的 EQ 行换作如下：

`EQ GA(1,1,1) GA(2,1,1)`

而嵌套卡方检验被相应地执行。

    在使用 CO 行时需要注意以下事项：(1)只有自由参数
（非固定参数）才能出现在方程的右边；(2)隐式方程，即参
数同时出现在同一方程的左侧和右侧是不允许的；(3)当
有多个 CO 行时，前面 CO 行限定的参数（即，在方程的左
边）不应该出现在任意 CO 行中的右边。[5]

第 3 节 | 多于两组的三向交互作用

　　三向交互作用的分析也可以扩展到多于两组比较的情形中。例如，假定除了民主党和共和党外，还有一组无党派，这样就产生了 2(性别)×3(党派归属)的因子设计。第 1 步程序将通过堆叠 6 组程序在没有等同性限定的情况下进行。模型命令如下：

```
LINE
001    MALE DEMOCRATS
002    DA NG=6 NO=101 NI=7
003    LA
004    S1 S2 S3 P1 P2 Q1 Q2
005    CM FI= MALEDEM.DAT
006    MO NX=4 NY=3 NE=1 NK=2 LX=FU LY=FU TD=SY TE=SY BE=FU GA=FU
       PS=SY PH=SY
007    LK
008    Person Quality
009    LE
010    Success
011    PA LX              !            Person Quality
012    1 0               !      P1
013    1 0               !      P2
014    0 1               !      Q1
015    0 1               !      Q2
016    PA LY              !            Success
017    1                 !      S1
018    1                 !      S2
019    1                 !      S3
020    PA TD              !            P1 P2 Q1 Q2
021    1                 !      P1
022    0 1               !      P2
023    0 0 1             !      Q1
024    0 0 0 1           !      Q2
025    PA TE              !            S1 S2 S3
026    1                 !      S1
```

```
027    0 1              !   S2
028    0 0 1            !   S3
029    PA PH            !          Person Quality
030    1                !   Person
031    1 1              !   Quality
032    PA GA            !          Person Quality
033    1 1              !   Success
034    PA BE            !        Success
035    0                !   Success
036    PA PS            !        Success
037    1                !   Success
038    FI LX(1,1) LX(3,2) LY(1,1)      ! 设定参照指标
039    VA 1.0 LX(1,1) LX(3,2) LY(1,1)  ! 设定参照指标
040    OU SC RS MI
041    FEMALE DEMOCRATS
042    DA NO=101 NI=7
043    LA
044    S1 S2 S3 P1 P2 Q1 Q2
045    CM FI= FEMDEM.DAT
046    MO NX=4 NY=3 NE=1 NK=2 LX=PS LY=PS TD=PS TE=PS BE=PS GA=PS
       PS=PS PH=PS
047    LK
048    Person Quality
049    LE
050    Success
051    OU SC RS MI
052    MALE REPUBLICANS
053    DA NO=102 NI=7
054    LA
055    S1 S2 S3 P1 P2 Q1 Q2
056    CM FI= MALEREP.DAT
057    MO NX=4 NY=3 NE=1 NK=2 LX=PS LY=PS TD=PS TE=PS BE=PS GA=PS
       PS=PS PH=PS
058    LK
059    Person Quality
060    LE
061    Success
062    OU SC RS MI
063    FEMALE REPUBLICANS
064    DA NO=102 NI=7
065    LA
066    S1 S2 S3 P1 P2 Q1 Q2
067    CM FI= FEMREP.DAT
068    MO NX=4 NY=3 NE=1 NK=2 LX=PS LY=PS TD=PS TE=PS BE=PS GA=PS
       PS=PS PH=PS
069    LK
070    Person Quality
071    LE
072    Success
073    OU SC RS MI
074    MALE INDEPENDENTS
075    DA NO=125 NI=7
076    LA
077    S1 S2 S3 P1 P2 Q1 Q2
078    CM FI= MALEIND.DAT
```

```
079    MO NX=4 NY=3 NE=1 NK=2 LX=PS LY=PS TD=PS TE=PS BE=PS GA=PS
       PS=PS PH=PS
080    LK
081    Person Quality
082    LE
083    Success
084    OU SC RS MI
085    FEMALE INDEPENDENTS
086    DA NO=125 NI=7
087    LA
088    S1 S2 S3 P1 P2 Q1 Q2
089    CM FI = FEMIND.DAT
090    MO NX=4 NY=3 NE=1 NK=2 LX=PS LY=PS TD=PS TE=PS BE=PS GA=PS
       PS=PS PH=PS
091    LK
092    Person Quality
093    LE
094    Success
095    OU SC RS MI
```

此程序的卡方检测统计值为 64.10（自由度为 66）。因为 LISREL 施加了非线性限定，其对于多于 2×2 因子的总的交互作用的检验是有些随意的。尽管综合性的检验可能会有问题，实践中的通常做法是通过基于 Bonferroni 控制的误差率将一个统计显著的综合性交互作用影响分解为一系列的 2×2 的子比较（如 Kepple，1982）。因此，合理的策略是忽略综合性的检验，直接进行 2×2 的子比较。如果任何比较都具有统计显著性（通过 Bonferroni 控制的误差率），则总体上的交互作用是存在的。确实，首先进行综合性的检验通常会受到质疑，因为 Bonferroni 基础程序提供了独立于综合性检验的恰当控制（Jaccard，Becker &. Wood，1984）。

本例中的 2×3 的因子设计（2 个性别属性乘以 3 个党派归属）包含了 3 个可能的 2×2 的子表。因此，我们必须进行 3 个分别的"第 2 步"程序。第 1 个程序关注民主党和共和党中路径系数的性别差异，其命令包含在第 95 行前面的 CO 行中：

```
CO GA(1,1,1) - GA(2,1,1) = GA(3,1,1) - GA(4,1,1)
```

将此分析的卡方与使用嵌套拟合优度检验的第 1 步分析的卡方进行比较。统计显著的卡方差表明了两组中路径系数的性别差异。在本例中，有限制的卡方值为 76.10（自由度为 67），嵌套卡方差为 12.00（自由度为 1，$p < 0.01$）。

第 2 个程序关注民主党和无党派中路径系数的性别差异，其命令包含在第 95 行前面的 CO 行中：

```
CO GA(1,1,1) - GA(2,1,1) = GA(5,1,1) - GA(6,1,1)
```

将此分析的卡方与使用嵌套拟合优度检验的第 1 步的卡方进行比较。统计显著的卡方差表明了两组中路径系数的性别差异。在本例中，有限制的卡方值为 64.64（自由度为 67），嵌套卡方差为 0.54（自由度为 1，不显著）。

第 3 个程序关注共和党和无党派中路径系数的性别差异，其命令包含在第 95 行前面的 CO 行中：

```
CO GA(3,1,1) - GA(4,1,1) = GA(5,1,1) - GA(6,1,1)
```

将此分析的卡方与使用嵌套拟合优度检验的第 1 步分析的卡方进行比较。统计显著的卡方差表明了两组中路径系数的性别差异。在本例中，有限制的卡方值为 79.76（自由度为 67），嵌套卡方差为 15.66（自由度为 1，$p < 0.01$）。通

过应用霍尔姆版本的 Bonferroni 程序,第 1 个和第 3 个比较具有统计显著性,中间的比较没有统计显著性。因此,存在总体上交互作用,路径系数的性别差异在共和党和民主党中存在显著的差别,无党派中路径系数的性别差异也显著地不同于共和党派中路径系数的性别差异。

第 4 节 | 交互作用的大小

除了检验是否存在交互作用外,研究者经常希望获得关于交互作用大小的指标,从而对交互作用的大小作出判断。其中一个指标就是相应潜在回归系数大小的差异。例如,本章中的第一个例子,对性别差异的两组比较分析,对男性而言,候选人个人特性到选举获胜可能性的判断之间的路径系数为 0.95,而对女性而言,该路径系数为 1.88,两者相差 0.93 个单位。基于过去研究中关于测量的经验,研究者可能会得出这是一个"一般大小"的差异的结论。

在传统多元回归中,交互作用大小的一个常用指标是,在"主作用"模型之上,交互作用所增加的标准的增量解释方差。在多组比较分析中,这种统计指标无法直接获得。下面的统计量提供了在样本数据中一个单纯的描述意义上(与推理的相反)的交互作用强度的指标:

$$IES = [1 - (\chi^2_1 / \chi^2_2)]100 \qquad [2.1]$$

其中 IES 是交互作用大小(interaction effect size)的指标,χ^2_1 是第 1 步的卡方值(非限定),χ^2_2 是第 2 步的卡方值。

IES 就是第 2 步加入交互作用后（通过第 1 步）所减少的卡方值的百分比。本章中第 1 个例子中的 IES 为 48.8，表明在模型估计中如果允许交互作用的话，则第 2 步中的卡方值将会减少 48.8％。我们完全意识到了依赖于比率的 IES 指标可能会存在一些问题，因为我们建议只是将 IES 作为多指标模型中衡量交互作用大小的一个粗糙的指标。

第 5 节 | 标准化系数与非标准化系数

上文所有例子关注在非标准化回归系数方面的分组比较。有些研究者选择标准化回归系数来进行多组比较。除非有足够强的理论原因，我们并不建议这么做。即便是基于理论上的考虑，目前的分析方法在实践中通常也无法被应用，因为它们是基于协方差的统计理论而非基于相关性（详细说明请参考 Cudek，1989）。有许多统计上的考虑支持非标准化系数而不是标准化系数，许多方法学者已经指出了这点（例如 Kim & Ferree，1981；Stone & Hollenbeck，1989）。

为了让读者了解其中的复杂性，我们在此说明用标准化系数分析的一个难题。考虑一个传统的双变量回归分析的例子，我们用受教育年限来预测收入以便确定一年教育的"价值"。在这个例子中，我们比较两个种族群体教育回报的差异：非裔美国人和白人。假定分析结显示了两组中的标准化回归系数是相等的，均为 0.5，这表明受教育年限每变化 1 个标准差,收入就会变化 0.5 个标准差。研究者或许会得出教育的"价值"在两个群体中相同的结论。然而,实际情况未必如此,假定两个群体中受教育年限的标准差都是 3.0,但是在白人群体中收入标准差为 15 000,而非裔美国人收入的标准差为 6 000。在这种情形下,白人的非标准化回归系数为 2 500(表明受教育年限每增加 1 年,收入将会增加 2 500 个单位);而非裔美国人的非标准化系数仅为 1 000(表明受教育年限每增加 1 年,收入将会增加 1 000 个单位)。在这种情形下,两个群体中在教育增长如何转化为收入增长方面存在显著的差异。

标准化系数分析的问题就是它对两组创造了不同的度量标准。白种人的度量以 15 000 为单位,但是非裔美国人以 6 000 为单位。比较这两个不同度量的组,就像是在一组中用美元来测量收入,而在另一组中用英镑来测量收入,而后在比较两组收入的时候,却不承认美元和英镑的差异。[6]

第 6 节 ｜ **不同测量结果的普遍性**

　　我们在第 1 章中指出，潜结构多指标的一个优势就是它可以在对观察测量误差理论的框架内估计回归系数。多指标策略的第二个优势就是它可以对不同测量间交互作用分析的普遍性进行正式的分析。例如，假定研究者对压力对血压的影响感兴趣，并且假设其影响应该在不同性别之间存在差异。除了血压的测量外，研究者还获得了关于压力对大样本研究对象的两个测量指标：受访者在过去一周中感到愤怒次数的报告；受访者为他或她在过去一周中感到压力打的 11 分量表。

　　研究者可能会采取的一种分析策略就是，只用压力的第一个测量指标进行传统的回归分析。假定如此行事，并且预计的交互作用证据被观测到了。研究者或许接着会考虑其分析结果是否可以扩展到压力的其他测量指标，并且用第二个指标重复分析。如果结果不同，那么研究者对他或她的结论没有多少信心。

　　这种普遍性分析很重要。传统回归分析方法的一个局限就是它在暗中假定数据中没有随机测量误差的前提下进行分析。然而，多指标结构方程模型方法则可以在误差理论的基础上克服这个缺点。具有讽刺意味的是，结构方程模型这个优势受到了很多文献的批评（参见 Bieby，1986a，1986b；Henry，1986；Sobel & Arminger，1986；Williams & Thomson，1986a，1986b）。

请考虑一下图 2.2a 中的多指标模型。在这个模型中，每周愤怒的报告被选作用于定义潜在压力变量度量的参照指标。由潜在压力变量到观测指标（愤怒次数）的路径系数固定值为 1.0，定义了这一关系。数据分析表明，在男性中从潜在压力变量到压力另外一个测量指标的路径系数的值为 2.0。这表明潜在压力变量每 1 个单位的变化（使用参照指标的测量尺度，调节测量误差），压力的普遍评价预计会改变 2.0 个单位。在女性中，这一"非固定"测量路径系数对应的值为 4.0。这表明潜在压力变量每 1 个单位的变化（使用参照指标的测量尺度，调节测量误差），压力的普遍评价预计会改变 4.0。由潜变量到观测指标的路径系数在男性和女性中存在着显著的差别，这表明两组研究对象也许在对压力测量量表的理解或者使用上存在差别，从而导致该测量在两组中是否等同的问题出现。

现在假定不测量愤怒，而是采用压力指标来作参照变量（见图 2.2b）。由潜在压力变量到愤怒测量的路径系数在男性和女性中存在着显著的差别（0.5 和 0.25），这表明感到愤怒测量在两组中是不同的。

（a）

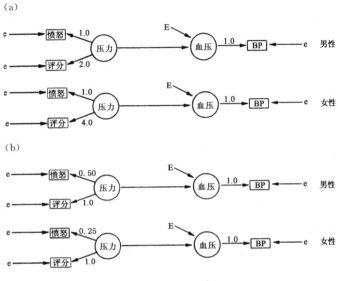

图 2.2   在多组策略中的测量等同性

　　这一分析结果是一个交互作用分析的结果可能在不同的测量指标之间不具有普遍性的标志。具体来说，当由潜变量到观测测量的相应非参照变量的路径系数在不同组中存在着差别时，交互作用分析的结果可能改变，取决于采用哪个测量作为参照指标。在我们的例子中，图 2.2a 中，这由路径系数分别为 4.0 和 2.0 的差异表现出来。然而，当对应的非参照路径系数在不同组中是相等的时候，无论采用哪个指标作为参照变量，交互作用的显著性检验将会产生相同的结果。例如，如果图 2.2a 中指标的非固定路径系数对男性和女性都等于 2,那么交互检验的结果都是相同的(但是度量是不同的),不依赖于参照指标的选择。

有些方法学者(如 Williams & Thomson,1986a)建议对由潜变量到非固定测量指标之间路径系数在不同组别中是否相等进行统计显著性检验。读者可以考虑本章第 1 个例子中关于第 1 步程序。此程序是在男性和女性中没有施加任何限定的多组方案。其分析得出的卡方值为 15.25 (自由度为 22)。我们可以在第 80 行前,通过 4 行 EQ 行施加相应的等同性限定。

```
EQ LX(1,2,1) LX(2,2,1)
EQ LX(1,4,2) LX(2,4,2)
EQ LY(1,2,1) LY(2,2,1)
EQ LY(1,3,1) LY(2,3,1)
```

每行限定一个第 1 组中的非固定路径指标等于第 2 组中相应的值。这个限定程序的卡方随后被计算(卡方值为 16.02,自由度为 26)。未限定第 1 步程序的嵌套卡方差为 16.02—15.25＝0.77,自由度为 4。这个差统计不显著($p > 0.05$),表明在组间施加相同路径指标的限定并不会显著地降低模型的拟合度。这一施加限定的命令可以作为交互作用正式分析中"第 1 步"的程序。

另外一种分析策略采用传统的嵌套卡方交互分析,不采用上面的等同性限定,而是重复分析数次,每次更换参照指标。如果采用不同的参照尺度进行分析,交互作用分析的结论都是相同的，研究者则对结论的普遍性有较大的信心。然而，如果分析显示交互结论取决于测量，研究者就要么对交互作用的存在存疑，要么针对给定的参照指标，根据相关的理论或心理测量背景来解释交互作用。

第 7 节 | 第 1 步中的模型拟合

　　本章的分析包含了非限定方案(第 1 步)和限定方案(第 2
步)的比较,以便来确定限定对模型拟合的负向影响。这些分
析是建立在假定非限定模型(第 1 步)很好拟合了数据。如果
最初模型的拟合度不好,讨论施加再一步限定后模型的拟合
度更差是没有意义的。在给定非限定模型拟合度好的前提下,
分析的中心议题是判断对理论上感兴趣的参数施加等同性限定
后,模型是否更简洁(即,某一交互作用是否能被排除)。

　　在多组方案中,差的非限定模型的拟合度可能是由于
模型只是在其中一组中拟合得差,但未必在其他组中拟合
度也差。LISREL 提供了对每组分别的拟合度诊断,以便
确定上面提到的这种情况。仔细检查这些诊断,通常对模
型提出有意义的修正,用以很好地拟合数据。如果在一个
组别中进行模型修正,为了应用本书介绍的方法,所有组
别也要进行修正。多组比较方案假定所有组别中潜在的
模型的一般形式是相同的,但是具体参数的值可以在不同
组中有所差别,甚至可以在某些组中为 0,而不是其他。

第 8 节 | **主作用和交互作用**

　　当一个调节变量为了结构方程模型交互作用分析目的被用来定义多个组别时，我们是无法检验调节变量对因变量的"主作用"的。例如本章中的第一个例子，我们希望检验候选人个人特性对判断其选取获胜可能性的影响是否在男性和女性中有所不同，我们在以性别分组的基础上进行了多组比较分析。假定理论上认为，性别对判断选取获胜的可能性有直接的影响，独立于这一交互作用外。多组比较策略是无法提供对这一可能性的观察，因为在多组分析中性别已经固定为常量。

　　如果要分析主作用，研究者可以用进行在各组间瓦解的分析（即，使用到总样本），以及包括将性别作为回归方程中和其他"主作用"项一起的一个预测变量的额外分析，补充多组比较分析。这种策略的缺点是忽略了相关交互作用，从而引入复杂性。另外一种方法是，研究者可以将虚拟变量的乘积项放入回归方程中，但这也会引入复杂性（参见第 4 章以及 Muthén, 1989）。这个两步分析策略（分别检验主作用和交互作用)在概念上和传统多元回归并无不同,引入乘积项会改变方程中"主作用"系数的意义,从而偏离了传统上"主作用"解释(参见 Jaccard, Turrisi & Wan,1990)。

第 9 节 ｜ **协方差矩阵等同性检验**

　　当检验组间参数差异时，有些研究者会首先进行组间协方差矩阵等同性整体检验（关于这种策略的讨论，请参见 Byrne, Shavelson & Muthén, 1989）。其观点是，如果不同组别中的参数有所差异，那么这种差异也应该体现在不同组的协方差值上。如果整体检验无法拒绝不同组别的协方差相等的原假设，那就没有必要进行下一步的分析了，关于交互作用的理论假定也不具有统计显著性。

　　一般来讲，我们不推荐这种方法。如果基于许多考虑，研究者假设不同组间参数存在差异，最好采用本章介绍的策略，直接对组间参数差异进行检验。与更为具体的参数检验相比（其他保持不变），协方差矩阵等同性整体检验具有更弱的统计效力，从而更可能使研究者忽视一些非零交互作用。

第 10 节 | **探索性的组间比较**

本章描述的方法主要针对基于理论上成立的交互作用分析并且研究者对于检验具体参数间差异有先验的兴趣。研究者可以在 LISREL 的框架下,通过对所有矩阵施加等同性限定来探索性地评估组间差异。例如,为了探索是否任意潜在回归系数存在组间差异,研究者可以将组间等同性限定施加到所有 Gamma 矩阵上。施加等同限定后,如果模型卡方值的变化并不显著,则表明 Gamma 矩阵中的系数在不同组间并无显著的差别。博伦(Bollen,1980)描述了这种探索性分析的框架。

第 11 节 ‖ 与传统多元回归分析的比较

将包含了定性调节变量的交互作用的传统多元回归分析与本章中介绍的分析策略进行比较是十分有意义的。杰卡德、图里西和万（Jaccard，Turrisi & Wan，1990:42）描述了对更传统处理的正式讨论。在传统方法中，用 Y（标准变量）的一个指标，X（预测变量）的一个指标，和不同组指标 Z（调节变量）来对不同研究对象组的回归系数进行比较。调节变量被转化为代表组别归属的一系列的虚拟变量，然后将每个虚拟变量分别乘以预测变量。之后进行两个回归分析，第一个是不包含乘积项的"主作用"模型，第二个是包含了"主作用"和乘积项的"交互"模型。R^2 有显著地增加则表明存在统计上交互作用，而每个乘积项的回归系数则提供了关于交互作用性质的信息。

分析假定 Y 和 X 不存在测量误差，这在很多应用中是不现实的。此外，分析也不能处理测量指标在不同子组间具有不同信度的情况。例如在下面的例子中包含 7 岁和

12 岁两个组别。与年龄大的儿童相比,年龄小的儿童在很多概念上会提供信度较低的测量。在传统多元回归分析中,信度被假定为在所有组都是相等且是完美的。如果数据并不是这种情况,则可能会产生有偏的参数估计。不同的是,这里采用的分析策略则采用了 Y 和 X 多指标,从而允许分析策略将误差理论整合到变量间的参数估计中。因此,与传统的最小二乘回归分析相比,基于结构方程模型的分析可以产生对交互作用更为精确和可靠的估计。结构方程模型策略并不采用乘积项,而是通过嵌套拟合优度策略来估计组间差异。

两种分析技术的另外一个重要差别就是关于由定性调节变量界定的不同组间残差同质性的假定。传统多元回归假定残差的方差在所有被比较的组都是相同的。违反这一假定会降低统计效力并且影响第一类错误(Alexander & DeShon,1994)。而本章所介绍的策略不需要假定不同组间残差方差的同质性,因此更为灵活。

应用于多指标模型的结构方程模型方法通常需要更强的统计上假定 Y 和 X 变量服从多元正态分布(例外的情况可以参照第 1 章),我们将在第 5 章中讨论违反该假定的相关问题。此外,在小样本中,基于多指标的分析并不像传统多元回归模型那样胜任,我们将在第 5 章中讨论样本规模的问题。

第 **3** 章

重复测量与纵贯设计

　　在社会科学中，不同时点上的测量是很常见的。在这种情形下，研究者可能会关注回归（路径）系数值是否会随着时间变化。请考虑下面的这个例子。一个发展心理学家假定母亲对其子女表达温暖和关爱的程度会影响到孩子的社会发展。心理学家也相信其影响对年龄大的儿童要比对年龄小的儿童要更小。他或她设计了对母亲和儿童进行了纵贯访问的研究，一次是在儿童 7 岁的时候，另一次是在儿童 12 岁的时候。研究者感兴趣的是连接两个变量的回归系数是否在这些年发生了变化。

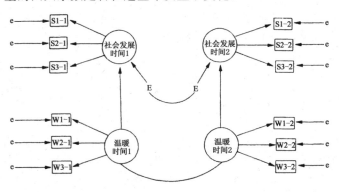

图 3.1　多指标纵贯路径模型

　　图 3.1 展示了相关的路径模型。母亲对子女的温暖和
关爱程度有三个指标（W1、W2 和 W3），儿童的社会发展
也有三个指标（S1、S2 和 S3）。母亲对子女的温暖的第一
个指标是标准化的自我报告测量，取值为 0 到 10；第二个
指标是观察者报告的，第三个指标是由其配偶报告的，这
两个取值范围都是 0 到 10。三个社会发展的指标都是大
家熟知的标准化测验，每个取值为 0 到 100。所有在儿童 7
岁时获得的测量，又在该儿童 12 岁时进行了重复测量。假
定在每个时间，潜变量母亲对子女的温暖都会影响到潜变
量儿童的社会发展。此外，儿童 7 岁和 12 岁时两次测量的
潜变量母亲对子女的温暖是相关的。潜在残差项表明除
了母亲温暖和关爱的影响外，还有其他因素会影响儿童的
社会发展，由于这些因素在不同时点上可能是相关的，因
此残差项也被设定是相关的。任何测量残差都假定与其
他不相关。

　　本章描述的分析主要关注路径/回归系数在不同时点
上的比较。利用 LISREL 也可以对潜变量在不同时点上的
平均变化进行检验。有兴趣的读者可以参考乔约克和索邦
（Jöreskog & Sorbom, 1993）关于用来比较潜变量平均变化
分析策略的讨论。图 3.1 中模型的程序使用如下命令：

```
LINE
001    LONGITUDINAL DESIGN
002    DA NO=176 NI=12
003    LA
004    S1-1 S2-1 S3-1 W1-1 W2-1 W3-1 S1-2 S2-2 S3-2 W1-2 W2-2 W3-2
005    CM
```

```
006   80.5
007   58.6 56.5
008   53.5 44.3 49.9
009   11.4 10.2 10.0  5.9
010   10.8  8.9  8.9  3.6  4.2
011   11.3  9.0  8.9  3.7  3.1  4.4
012   18.9 14.9 14.6  3.4  5.9  4.1 59.6
013   15.5 12.9 13.5  2.3  4.8  3.6 41.8 45.4
014   13.7 11.7 12.4  2.4  4.5  3.0 41.7 37.4 47.3
015    9.9  7.4  7.1  2.4  2.2  2.3  7.9  6.6  5.6  5.5
016    8.1  6.5  5.9  2.2  2.1  2.2  7.1  6.3  5.6  3.4  4.3
017    6.3  5.3  4.7  1.7  1.8  1.6  5.8  5.0  4.4  3.2  2.6  3.5
018   SE
019   S1-1 S2-1 S3-1 S1-2 S2-2 S3-2 W1-1 W2-1 W3-1 W1-2 W2-2 W3-2
020   MO NX=6 NY=6 NE=2 NK=2 LX=FU LY=FU TD=SY TE=SY BE=FU GA=FU
      PS=SY PH=SY
021   LK
022   Warmth1 Warmth2
023   LE
024   Social1 Social2
025   PA LX              !          Warmth1     Warmth2
026   1 0                !    W1-1
027   1 0                !    W2-1
028   1 0                !    W3-1
029   0 1                !    W1-2
030   0 1                !    W2-2
031   0 1                !    W3-2
032   PA LY              !          Social1     Social2
033   1 0                !    S1-1
034   1 0                !    S2-1
035   1 0                !    S3-1
036   0 1                !    S1-2
037   0 1                !    S2-2
038   0 1                !    S3-2
039   PA TD              !          W1-1 W2-1 W3-1 W1-2 W2-2 W3-2
040   1                  !    W1-1
041   0 1                !    W2-1
042   0 0 1              !    W3-1
043   0 0 0 1            !    W1-2
044   0 0 0 0 1          !    W2-2
045   0 0 0 0 0 1        !    W3-2
046   PA TE              !          S1-1 S2-1 S3-1 S1-2 S2-2 S3-2
047   1                  !    S1-1
048   0 1                !    S2-1
049   0 0 1              !    S3-1
050   0 0 0 1            !    S1-2
051   0 0 0 0 1          !    S2-2
052   0 0 0 0 0 1        !    S3-2
053   PA PH              !          Warmth1     Warmth2
054   1                  !    Warmth1
055   1 1                !    Warmth2
056   PA GA              !          Warmth1     Warmth2
057   1 0                !    Social1
058   0 1                !    Social2
059   PA BE              !          Social1     Social2
060   0 0                !    Social1
```

```
061   0 0                 !    Social2
062   PA PS               !             Social1     Social2
063   1                   !    Social1
064   1 1                 !    Social2
065   FI LX(1,1) LX(4,2) LY(1,1) LY(4,2)    ！设定参照指标
066   VA 1.0 LX(1,1) LX(4,2) LY(1,1) LY(4,2) ！设定参照指标
067   OU SC RS MI
```

　　上面的命令有几点需要注意：第一，因为有多于一个 Y
潜变量，所以 Beta 矩阵也大于 1×1（参见第 59 行到第 61
行）；第二，潜在残差方差和协方差的 PS 矩阵表示相关误差
的存在显示为第 64 行对角线外的元素是 1；第三，我们展示
了一种新的将数据录入协方差矩阵的方法在这个例子中，
协方差矩阵被直接放在 CM 行之后（见第 6 行到第 17 行）。
此模型的拟合检验结果表明卡方值为 56.38，自由度为 50。
统计检验不显著表明该模型好的拟合度。在儿童 7 岁的时
候，由母亲对子女温暖到儿童社会发展的路径为 3.09（$p <$
0.05），而在儿童 12 岁时，该路径为 1.82（$p < 0.05$）。

第 1 节 │ 嵌套模型拟合优度检验

我们可以采用嵌套模型的策略来检验 7 岁和 12 岁时的回归系数是否相等。上文所描述的是"第 1 步"分析。第 2 步分析在加上两个时点回归系数等同性限定的基础上，重复第 1 步的程序。等同性限定命令放在 OU 行（第 67 行）前，如下所示：

```
EQ GA(1,1) GA(2,2)
```

由于我们的分析中只有一个组，所以省略了 EQ 行中 GA 矩阵括号内中表示组参数。此行告知 LISREL 去限定 Gamma 矩阵中第 1 行第 1 列对应的参数必须等于 Gamma 矩阵第 2 行第 2 列对应的参数。分析结果的卡方值为 66.30，自由度为 51。第 2 步和第 1 步的卡方差为 66.30 － 56.38＝9.92，呈卡方分布，自由度为 51－50＝1。这个差统计显著，表明这两个路径系数在总体中并不相等。

第 2 节 | 多于两次重复测量的交互作用分析

结构方程模型策略可以将上述的分析扩展到多于两个时点的测量。假定在上面的研究例子中,研究者同时也获得了儿童 17 岁时的相关测量,除了加上相应的测量变量和潜变量外,第 1 步程序和前面的是相同的。其程序如下:

```
LINE
001    LONGITUDINAL DESIGN
002    DA NO=176 NI=18
003    LA
004    S1-1 S2-1 S3-1 W1-1 W2-1 W3-1 S1-2 S2-2 S3-2 W1-2 W2-2 W3-2
005    S1-3 S2-3 S3-3 W1-3 W2-3 W3-3
006    CM FI= LONG.DAT
007    SE
008    S1-1 S2-1 S3-1 S1-2 S2-2 S3-2 S1-3 S2-3 S3-3 W1-1 W2-1 W3-1
009    W1-2 W2-2 W3-2 W1-3 W2-3 W3-3
010    MO NX=9 NY=9 NE=3 NK=3 LX=FU LY=FU TD=SY TE=SY BE=FU GA=FU
       PS=SY PH=SY
011    LK
012    Warmth1 Warmth2 Warmth3
013    LE
014    Social1 Social2 Social3
015    PA LX          !        Warmth1      Warmth2      Warmth3
016    1 0 0          ! W1-1
017    1 0 0          ! W2-1
018    1 0 0          ! W3-1
019    0 1 0          ! W1-2
020    0 1 0          ! W2-2
021    0 1 0          ! W3-2
022    0 0 1          ! W1-3
023    0 0 1          ! W2-3
024    0 0 1          ! W3-3
025    PA LY          !        Social1      Social2      Social3
```

```
026    1 0 0              ! S1-1
027    1 0 0              ! S2-1
028    1 0 0              ! S3-1
029    0 1 0              ! S1-2
030    0 1 0              ! S2-2
031    0 1 0              ! S3-2
032    0 0 1              ! S1-3
033    0 0 1              ! S2-3
034    0 0 1              ! S3-3
035    PA TD              !      W1-1 W2-1 W3-1 W1-2 W2-2 W3-2
                                 W1-3 W2-3 W3-3
036    1                  ! W1-1
037    0 1                ! W2-1
038    0 0 1              ! W3-1
039    0 0 0 1            ! W1-2
040    0 0 0 0 1          ! W2-2
041    0 0 0 0 0 1        ! W3-2
042    0 0 0 0 0 0 1      ! W1-3
043    0 0 0 0 0 0 0 1    ! W2-3
044    0 0 0 0 0 0 0 0 1  ! W3-3
045    PA TE              !      S1-1 S2-1 S3-1 S1-2 S2-2 S3-2
                                 S1-3 S2-3 S3-3
046    1                  ! S1-1
047    0 1                ! S2-1
048    0 0 1              ! S3-1
049    0 0 0 1            ! S1-2
050    0 0 0 0 1          ! S2-2
051    0 0 0 0 0 1        ! S3-2
052    0 0 0 0 0 0 1      ! S1-3
053    0 0 0 0 0 0 0 1    ! S2-3
054    0 0 0 0 0 0 0 0 1  ! S3-3
055    PA PH              !      Warmth1    Warmth2    Warmth3
056    1                  ! Warmth1
057    1 1                ! Warmth2
058    1 1 1              ! Warmth3
059    PA GA              !      Warmth1    Warmth2    Warmth3
060    1 0 0              ! Social1
061    0 1 0              ! Social2
062    0 0 1              ! Social3
063    PA BE              !      Social1    Social2    Social3
064    0 0 0              ! Social1
065    0 0 0              ! Social2
066    0 0 0              ! Social3
067    PA PS              !      Social1    Social2    Social3
068    1                  ! Social1
069    1 1                ! Social2
070    1 1 1              ! Social3
071    FI LX(1,1) LX(4,2) LX(7,3) LY(1,1) LY(4,2) LY(7,3)
072    VA 1.0 LX(1,1) LX(4,2) LX(7,3) LY(1,1) LY(4,2) LY(7,3)
073    OU SC RS MI
```

为了节省程序空间,我们通过独立的文件读入了协方差矩
阵输入(见第 6 行)。所有的矩阵都根据新的测量变量和潜

变量进行了相应的调整。此分析所得到的卡方值为 143.38（自由度为 126，不显著）。除了在 OU 行（第 73 行）前加入下面的限定外，第 2 步程序是相同的：

`EQ GA(1,1) GA(2,2) GA(3,3)`

EQ 行限定由母亲对子女的温暖到儿童社会发展的路径系数在三个时点上都是相等的。如果嵌套卡方检验表明该模型显著地降低了模型拟合度，则拒绝该路径系数在三个时点上都是相等的原假设。在此分析中，限制卡方值为 162.38（自由度为 128），嵌套卡方差为 19.00（自由度为 2，$p < 0.05$）。

接下来的检验可以用来确定到底是哪对路径系数显著地不同于其他。这可以通过允许 3 次"第 2 步"程序来实现，每次都对不同对限定。例如，比较时点 1 和时点 2 的路径系数可以用如下的 EQ 行把前面程序的 EQ 行替换掉：

`EQ GA(1,1) GA(2,2)`

将该模型的卡方和使用嵌套拟合优度策略的第 1 步模型的卡方进行比较。统计显著的卡方差异表明我们应该拒绝该路径在两个时点上相等的原假设。在本分析中，限定卡方为 152.65（自由度为 127），嵌套卡方差为 9.27（自由度为 1，$p < 0.05$）。

时点 1 和时点 3 系数的比较可以用如下的 EQ 行把前面程序中的 EQ 行替换掉：

```
EQ GA(1,1) GA(3,3)
```

该模型的卡方将和使用嵌套拟合优度策略第 1 步程序的卡方进行比较。统计显著的卡方差异表明我们应该拒绝该路径在两个时点上相等的原假设。在本分析中，限定卡方值为 160.55（自由度为 127），嵌套卡方差为 17.17（自由度为 1，$p < 0.05$）。

最后，时点 2 和时点 3 路径系数的比较可以通过将前面的 EQ 行替换为如下形式来实现：

```
EQ GA(2,2) GA(3,3)
```

将该模型的卡方和使用嵌套拟合优度策略第 1 步程序的卡方进行比较。在本分析中，限定的卡方值为 144.26（自由度为 127），嵌套卡方差为 0.88（自由度为 1，统计不显著）。如果理论上适合，我们可以通过修正的 Bonferroni 控制来检验三个比较的误差。

第 3 节 ｜ 三向交互作用

　　通过将第 2 章介绍的分析策略和本章的分析策略相结合，我们可以检验三向交互作用。例如，我们假定由母亲温暖到儿童社会发展的路径系数在不同时点上的影响对于女孩要比男孩更大。为了检验这一假设，我们首先通过使用堆叠程序（其中所有路径在两个性别组中自由变化，并且不施加等同性限定）来进行"第 1 步"分析。程序命令如下：

```
LINE
001    MALES - THREE WAY INTERACTION
002    DA NG=2 NO=87 NI=12
003    LA
004    S1-1 S2-1 S3-1 W1-1 W2-1 W3-1 S1-2 S2-2 S3-2 W1-2 W2-2 W3-2
005    CM FI= LOMALE.DAT
006    SE
007    S1-1 S2-1 S3-1 S1-2 S2-2 S3-2 W1-1 W2-1 W3-1 W1-2 W2-2 W3-2
008    MO NX=6 NY=6 NE=2 NK=2 LX=FU LY=FU TD=SY TE=SY BE=FU GA=FU
       PS=SY PH=SY
009    LK
010    Warmth1 Warmth2
011    LE
012    Social1 Social2
013    PA LX              !         Warmth1      Warmth2
014    1 0               ! W1-1
015    1 0               ! W2-1
016    1 0               ! W3-1
017    0 1               ! W1-2
018    0 1               ! W2-2
019    0 1               ! W3-2
020    PA LY             !         Social1      Social2
```

```
021    1 0              ! S1-1
022    1 0              ! S2-1
023    1 0              ! S3-1
024    0 1              ! S1-2
025    0 1              ! S2-2
026    0 1              ! S3-2
027    PA TD            !    W1-1 W2-1 W3-1 W1-2 W2-2 W3-2
028    1                ! W1-1
029    0 1              ! W2-1
030    0 0 1            ! W3-1
031    0 0 0 1          ! W1-2
032    0 0 0 0 1        ! W2-2
033    0 0 0 0 0 1      ! W3-2
034    PA TE            !    S1-1 S2-1 S3-1 S1-2 S2-2 S3-2
035    1                ! S1-1
036    0 1              ! S2-1
037    0 0 1            ! S3-1
038    0 0 0 1          ! S1-2
039    0 0 0 0 1        ! S2-2
040    0 0 0 0 0 1      ! S3-2
041    PA PH            !      Warmth1     Warmth2
042    1                ! Warmth1
043    1 1              ! Warmth2
044    PA GA            !      Warmth1     Warmth2
045    1 0              ! Social1
046    0 1              ! Social2
047    PA BE            !      Social1     Social2
048    0 0              ! Social1
049    0 0              ! Social2
050    PA PS            !      Social1     Social2
051    1                ! Social1
052    1 1              ! Social2
053    FI LX(1,1) LX(4,2) LY(1,1) LY(4,2)   ! 设定参照指标
054    VA 1.0 LX(1,1) LX(4,2) LY(1,1) LY(4,2) ! 设定参照指标
055    OU SC RS MI
056    FEMALES - THREE WAY INTERACTION
057    DA NO=89 NI=12
058    LA
059    S1-1 S2-1 S3-1 W1-1 W2-1 W3-1 S1-2 S2-2 S3-2 W1-2 W2-2 W3-2
060    CM FI= LOFEM.DAT
061    SE
062    S1-1 S2-1 S3-1 S1-2 S2-2 S3-2 W1-1 W2-1 W3-1 W1-2 W2-2 W3-2
063    MO NX=6 NY=6 NE=2 NK=2 LX=PS LY=PS TD=PS TE=PS BE=PS GA=PS
         PS=PS PH=PS
064    LK
065    Warmth1 Warmth2
066    LE
067    Social1 Social2
068    OU SC RS MI
```

此分析拟合的卡方值为 93.43（自由度为 100）。"第 2
步"程序可以通过在第 2 组输出 OU 行（第 68 行）之前加入

一个限定行实现,其格式如下:

```
CO GA(1,1,1) - GA(1,2,2) = GA(2,1,1) - GA(2,2,2)
```

此限定命令 LISREL 在男孩和女孩中路径系数的差异相等的限定下进行参数估计。如果与"第 1 步"分析相比,该限定模型显著地降低了模型的拟合优度,则表明存在三向交互作用(可能犯第一类错误)。在本分析中,限定卡方值为 111.28(自由度为 101),嵌套卡方差为 17.85(自由度为 1,$p < 0.01$),表明存在三向交互作用。

第 4 节 ｜ **多于两组的三向交互作用**

通过运用第 2 章介绍的多于两组的三向交互作用，我们的分析策略也可以扩展到多个时期和多组比较，当多于两个时期时，本章此前部分讨论的分析程序也可以应用到多组比较中。

第 5 节 ｜ **交互作用的大小**

　　读者可以通过阅读第 2 章获得关于交互作用大小的指标。其中一个指标就是路径系数大小的差。例如，在本章的第一个例子中，母亲温暖到儿童社会发展的路径系数在儿童 7 岁时为 3.09，在儿童 12 岁时为 1.82，相差 1.27 个单位。基于测量经验，研究者可能得出差异"小"的结论。本章第一个例子的 IES 为 15.0，表明当估计交互作用时，第 2 步的卡方会降低 15%。

第6节｜**不同测量结果的普遍性**

第2章中关于不同测量结果普遍性的讨论同样适用于对交互作用的重复测量分析。通过限定对应的非参照测量指标的路径系数在不同时点上相等，研究者就可以正式地检验不同测量结果的普遍性。

第 7 节 | 与传统多元回归分析的比较

文献中较少有讨论到多元回归系数是如何随着重复测量或纵贯设计而变化的。科恩和科恩（Cohen & Cohen，1983）通过用虚拟变量来表示每个受访者的方式提供了分析细节。这个分析方法是有问题的，当样本规模比较大时，问题出在计算机内存上。科恩和科恩（Cohen & Cohen，1983）也提到了解决这一实践局限的方法，他们所介绍的两种方法都依赖于乘积项。尽管直接明了，但是这些方法应用起来却很繁琐，尤其是在复杂设计中。正如前文所述，分析依赖于每个变量的单一指标并且假定所有测量是完全可靠的。不可靠的存在会导致有偏的参数估计而且会降低统计交互作用分析的统计效力。此外，多元回归分析也无法简便地容纳包含相关误差和系统误差的复杂误差理论。

基于多指标的策略并不依赖乘积项，也不需要对每个受访者都建构虚拟变量。由于采用了多指标，分析可以在误差理论的框架下进行。误差理论可以非常复杂,包括相关误差、系统误差以及随机误差(不可靠)。对于更为复杂的涉及三向交互作用的多组比较分析,结构方程模型分析还可以处理数据包含组间在误差结构上有差异的情况。

第 *4* 章

乘积项的使用

当三个变量(标准变量、预测变量、调节变量)都是连续的时,一个有效的(双线性)统计交互作用分析就会用到乘积项。我们用第1章中的例子来说明这种分析方法,其中,假定同辈压力对毒品使用行为的影响会受到亲子关系质量的影响。此例中有3个潜变量(同辈压力、亲子关系质量、毒品使用),每个潜变量都有3个指标。一种分析交互作用的策略是建构同辈压力和亲子关系质量指标的所有可能的乘积项,然后将这些乘积项作为乘积潜变量的指标(参见图1.3)。之后再用标准的LISREL程序策略来估计不同的参数。

上述分析策略将会导致错误的结果。问题在于给定乘积指标的测量误差(即 e 得分)必须是乘积项构成部分测量误差的函数。例如,指标 P1Q2 的误差方差是 P1 误差方差和 Q2 误差方差的函数,就像潜在模型的其他方面。任何对 P1Q2 测量误差的估计必须反映这种数学关系。在使用乘积项时,除非告知 LISREL 这些限定,否则 LISREL 的估计是不会包含这些数学关系的。LISREL 8 是可以进行此类限定的。

第 1 节 ｜ **LISREL 中额外的矩阵**

　　有几种方法可以将乘积项作为潜变量来分析,这些方法都建立在肯尼和贾德(Kenny & Judd,1984)先驱工作的基础上(参见 Jaccard & Wan,1995a;Jöreskog & Yang,1996;Ping,1994,1995,1996)。这里我们介绍乔约克和扬(Jöreskog & Yang,1996)的方法。在介绍这种分析方法时,我们假定读者已经熟悉了本书附录第 1 部分中的内容。

　　这种分析策略需要在 LISREL 中设置 4 个新的矩阵:Kappa 矩阵、Alpha 矩阵、Tau-X 矩阵以及 Tau-Y 矩阵。Kappa 矩阵(简称 KA)关注预测变量的潜变量均值,如果有 3 个潜在预测变量,则 Kappa 有 3 个元素,例如下面的程序行:

```
PA KA
1 1 1
```

此行命令告知 LISREL 去估计 3 个潜在预测变量的均值(其中,1 表明不同的潜变量按它们在 LK 行出现的顺序排序)。Alpha 矩阵关注潜变量回归方程中的截距。F_Y、F_X 和 F_Z 分别代表潜变量 X、Y 和 Z。则这些潜变量的(乘积项的)回归方程为：

$$F_Y = \alpha + \beta_1 F_X + \beta_2 F_Z + \beta_3 F_X F_Z + \varepsilon \qquad [4.1]$$

其中 α 为截距，β_i 为回归系数，ε 为残差。程序行为：

```
PA AL
1
```

告知 LISREL 去估计 α。

　　Tau-X 矩阵关注另外一个不同的回归方程，即将观测的预测指标变量回归到其潜变量的方程。例如，在图 1.3 中，观测变量 P1 回归到其同辈压力潜变量（F_X），有如下方程：

$$P1 = \tau_{P1} + \gamma_{P1} F_X + \delta_{P1} \qquad [4.2]$$

其中 τ_{P1} 为截距，γ_{P1} 为回归系数（对应于 LX 矩阵中的 1 个元素），δ_{P1} 为残差（对应于 TD 矩阵中的 1 个元素）。在图 1.3 中，一共有 15 个 X 观测变量（P1，P2，P3，Q1，Q2，Q3，P1Q1，P1Q2，…，P3Q3），每一个观测变量都有一个对应方程[4.2]的回归方程。其程序行如下：

```
PA TX
1 1 1 1 1 1 1 1 1 1 1 1 1 1 1
```

告知 LISREL 去估计代表预测指标的 15 个回归方程中的每一个截距项 τ_{Xi}（依照 LA 行中的顺序，除非通过 SE 行重新排序）。

　　最后，Tau-Y 矩阵有和 Tau-X 矩阵相同的函数，不过

Tau-Y 矩阵关注的是观测变量 Y 回归到其潜变量。程序行如下：

```
PA TY
1 1 1
```

告知 LISREL 去估计代表标准指标的每（三）个回归方程中的截距项 τ_{Y_i}（参见图 1.3）。

在实际中，通常不太可能估计 KA、AL、TX 和 TY 矩阵，以及前几章提到的其他矩阵中的所有参数，因为这样做可能会导致一个无法识别的模型。而且 KA、AL、TX 和 TY 矩阵中的参数也未必是我们首要关心的。然而，对于乘积项分析，可以通过乔约克和扬（Jöreskog & Yang，1996）的方法将这些参数考虑进来以便进行合适的统计限定。

第 2 节 │ **乘积项分析的统计限定**

对于图 1.3 中的模型，F_X（同辈压力）和 F_Z（亲子关系质量）分别有 3 个指标，就所以产生 9 个可能的乘积项，P1Q1，P1Q2，⋯，P3Q3。乔约克和扬（Jöreskog & Yang，1996）认为在检验交互作用时，没必要使用所有 9 个乘积项。实际上，他们建议使用只包含作为 F_X 和 F_Z 的参照指标的一个乘积项 P1Q1 就有可能得到好的结果。本书采用这种方法是因为它可以简化程序，而且减少非正态分布输入变量的个数（稍后我们会解释这个优势）。如果需要加入更多的乘积项，读者可以参阅乔约克和扬（Jöreskog & Yang，1996）。

我们的分析策略与乔约克和扬（Jöreskog & Yang）描述的稍有不同。他们的分析策略更有效率，但是不如我们前面介绍的程序方法那样容易理解。我们分析策略的结果与乔约克和扬（Jöreskog & Yang，1996）所发展的程序是相同的。下面是需要施加的统计限定（对于这些限定的数学推演，参见 Jöreskog & Yang，1996）：

限定 1：F_X 和 F_Z 的均值必须被"固定"为 0。这个限定强制潜变量 X 和 Z "均值对中"（即，以标准差的形式）。该限定与 KA 矩阵有关。

限定 2：乘积项潜变量（$F_X F_Z$）的均值必须等同于 F_X 和 F_Z 的协方差。此限定涉及 Kappa 矩阵和 Phi 矩阵。

限定 3：F_X 和 $F_X F_Z$ 的协方差以及 F_Z 和 $F_X F_Z$ 的协方差也必须被"固定"为 0。该限定和 Phi 矩阵有关。该限定是根据以下事实推导出来的，即因为潜变量是以标准差的形式，并且基于多元正态分布，乘积项的组成部分应该与乘积项不相关。

限定 4：$F_X F_Z$ 的方差必须等于 F_X 的方差乘以 F_Z 的方差再加上 F_X 和 F_Z 协方差的平方。该限定是根据安德森（Anderson，1984）的推导得出的，而且与 Phi 矩阵相关。

限定 5：系数 α 必须限定为 0。该限定对于模型的识别是必须的。施加该限定可以帮助我们估计方程 [4.1] 中的回归系数，但它也会使得关于 Tau-Y 矩阵中元素（通常并不是研究者感兴趣的）的解释变得有些任意性。参见乔约克和扬（Jöreskog & Yang，1996）。

限定 6：对于观测乘积项 X1Z1 的测量残差的方差（δ_{X1Z1}）必须满足如下方程：

$$\mathrm{var}(\delta_{X1Z1}) = \tau_{X1}{}^{2}\,\mathrm{var}(\delta_{Z1}) + \tau_{Z1}{}^{2}\,\mathrm{var}(\delta_{X1})$$
$$+ \mathrm{var}(F_X)\,\mathrm{var}(\delta_{Z1}) + \mathrm{var}(F_Z)\,\mathrm{var}(\delta_{X1})$$
$$+ \mathrm{var}(\delta_{X1})\,\mathrm{var}(\delta_{Z1}) \qquad [4.3]$$

其中 τ_{X1} 是参照指标(X1)回归到 F_X 的方程 4.2 中的截距。τ_{Z1} 是参照指标(Z1)回归到 F_Z 的方程 4.2 中的截距;$\mathrm{var}(\delta_{X1})$ 是 X1 的残差方差,$\mathrm{var}(\delta_{Z1})$ 是 Z1 的残差方差,$\mathrm{var}(F_X)$ 是 F_X 的方差,$\mathrm{var}(F_Z)$ 是 F_Z 的方差。这些限定与 Tau-X 矩阵、Tau-Y 矩阵、Phi 矩阵和 Theta Delta 矩阵相关。

限定 7:δ_{X1} 和 δ_{X1Z1} 之间的协方差必须等于 $\tau_{Z1}\,\mathrm{var}(\delta_{X1})$,$\delta_{Z1}$ 和 δ_{X1Z1} 之间的协方差必须等于 $\tau_{X1}\,\mathrm{var}(\delta_{Z1})$。这些限定与 Tau-X 矩阵和 Theta Delta 矩阵相关。

限定 8:X1Z1 回归到 $F_X F_Z$ 的方程(参见方程[4.2])中的截距必须等于 X1 方程中的截距乘以 Z1 方程中的截距,也就是说等于 $(\tau_{X1})(\tau_{Z1})$。该限定的实施与 Tau-X 矩阵有关。

限定 9:观测乘积项 X1Z1 受到 F_X 和 F_Z 的影响。F_X 到 X1Z1 的路径必须等于 τ_{Z1},F_Z 到 X1Z1 的路径必须等于 τ_{X1}。通过固定由 $F_X F_Z$ 到 X1Z1 的路径等于 1,X1Z1 被用来定义乘积项潜变量 $F_X F_Z$。

第 3 节 | **估计问题**

LISREL 通常是在假定变量服从多元正态分布的前提下通过最大似然标准进行参数估计的。乘积项的出现违反了多元正态分布的假定，即使其中没有统计交互作用。这是因为服从正态分布的变量的乘积项并不服从正态分布。非正态分布会不利于统计分析。其他情形下的蒙特卡洛研究（Monte Carlo）表明，即便是在一定程度上违反了多元正态分布假定，最大似然分析仍是稳健的（Bollen，1989），因此这可能不是问题。

另外一种解决方案是用加权最小二乘法（WLS）代替传统的最大似然估计法。该方法是"自由分布"，不需要多元正态分布的假定。然而，研究表明该方法需要在样本规模比较大的情况下才能有效使用，而这对很多社会科学研究来说可能不现实（例如 Jöreskog & Sorbom，1993）。乔约克和扬（Jöreskog & Yang，1996）指出了传统加权最小二乘法在分析乘积项时的技术问题以及一些可能的修正。加权最小二乘法的恰当使用需要能够处理极大样本规模的新程序。初步的证据表明最大似然法关于许多社会科学应用中中等样本规模的乘积项的分析结果是比较令人满意的（参见 Jaccard & Wan，1995a；Ping，1994，1995，1996）。方法倾向于产生无偏的回归系数的参数估计，而且在传统的假设检验范式下，回归系数第一类错误的概率与理论上设定的 alpha 值（0.05）很接近。

　　我们采用乔约克和扬（Jöreskog & Yang）提出的包含一个乘积项指标的最大似然来模拟杰卡德和万（Jaccard & Wan，1995a）所描述的情况，并没有发现最大似然估计提高了潜变量回归系数犯第一类错误的概率。此外，我们还观察到了无偏的参数估计以及合理的总体卡方检验等特性。总体上来说，我们认为对于简单回归模型而言，最大似然分析的结果是令人满意的。参数估计的标准误应该被视为一种"指导性的"而非是"正确"的标准误，有机会在简单的假设检验框架下检测回归系数是否"统计显著"不同于原假设为 0 这一类表现上还是令人满意的。从技术上来讲，关于模型拟合度的总体卡方检验是不正确的。在评估模型拟合情况时，应该详细检查那些不依赖于卡方抽样分布的拟合指标（比如 CFI 和标准化残差均方根）。

第 4 节 ┃ 程序策略

为了说明 LISREL 程序，我们通过在第 1 章中的例子
（图 1.3）来关注毒品使用，但只添加一个乘积项指标。为了
简便起见，我们的模型忽略了毒品使用测量残差之间的相
关误差。3 个毒品使用指标的取值都是 0 到 10，分值越高
表明毒品使用越严重。第一个指标同辈压力的取值范围
为 −3 到 +3，分值越高表明同辈压力越大；其他两个测量
指标的取值范围为 1 到 10，分值越高表明毒品使用的感受
到的压力越大。亲子关系质量的 3 个测量指标的取值范围
都是 −3 到 3，分值越高表明亲子关系质量越好。下面的程
序命令施加了上述限定：

```
LINE
001     TEST OF PRODUCT TERM MODEL
002     DA NI=10 NO=800
003     LA
004     D1 D2 D3 P1 P2 P3 Q1 Q2 Q3 P1Q1
005     ME FI = MEAN.DAT
006     CM FI = COV.DAT
007     MO NY=3 NE=1 NK=3 NX=7 LX=FU LY=FU TD=SY TE=SY PH=SY PS=SY C
008     GA=FU BE=FU KA=FU TX=FU TY=FU AL=FU
009     LK
010     Peer Quality Product
011     LE
012     DrugUse
013     PA LY               !          DrugUse
014     1                   ! D1
015     1                   ! D2
```

```
016    1                    ! D3
017    PA LX                !            Peer      Quality    Product
018    1  0  0              ! P1
019    1  0  0              ! P2
020    1  0  0              ! P3
021    0  1  0              ! Q1
022    0  1  0              ! Q2
023    0  1  0              ! Q3
024    1  1  1              ! P1Q1 (参见限定 9)
025    PA TE                !            D1  D2  D3
026    1                    ! D1
027    0  1                 ! D2
028    0  0  1              ! D3
029    PA GA                !            Peer      Quality    Product
030    1  1  1              ! DrugUse
031    PA BE                !                 DrugUse
032    0                    ! DrugUse
033    PA PS                !                 DrugUse
034    1                    ! DrugUse
035    PA KA                !            Peer      Quality    Product
036    0  0  1              ! Mean Values (参见限定 1)
037    CO KA(3)=PH(2,1)     ! 参见限定 2
038    PA PH                !            Peer      Quality    Product
039    1                    ! Peer
040    1  1                 ! Quality
041    0  0  1              ! Product (参见限定 3)
042    CO PH(3,3)=PH(1,1)*PH(2,2)+PH(2,1)*PH(2,1)    ! 参见限定 4
043    PA AL                ! 乘积项方程截距
044    0                    ! 参见限定 5
045    PA TD                !            P1  P2  P3  Q1  Q2  Q3  P1Q1
046    1                    ! P1
047    0  1                 ! P2
048    0  0  1              ! P3
049    0  0  0  1           ! Q1
050    0  0  0  0  1        ! Q2
051    0  0  0  0  0  1     ! Q3
052    1  0  0  1  0  0  1  ! P1Q1 (参见限定 6 和 7)
053    CO TD(7,7)=TX(1)*TX(1)*TD(4,4) + TX(4)*TX(4)*TD(1,1)
       + PH(1,1)*TD(4,4) + C
054    PH(2,2)*TD(1,1) + TD(1,1)*TD(4,4)  ! 参见限定 6
055    CO TD(7,1)=TX(4)*TD(1,1)            ! 参见限定 7
056    CO TD(7,4)=TX(1)*TD(4,4)            ! 参见限定 7
057    PA TY
058    1  1  1
059    PA TX
060    1  1  1  1  1  1  1
061    CO TX(7)=TX(1)*TX(4)               ! 参见限定 8
062    CO LX(7,1) = TX(4)                 ! 参见限定 9
063    CO LX(7,2) = TX(1)                 ! 参见限定 9
064    FI LX(1,1) LX(4,2) LX(7,3) LY(1,1)  ! 设定参照指标
065    VA 1.0 LX(1,1) LX(4,2) LX(7,3) LY(1,1) ! 设定参照指标
066    OU SC RS MI AD=OFF IT=200
```

在第 5 行以 LA 行中设定的顺序(第 3 行和第 4 行)输

入样本数据的均值。这些均值对于估计大量截距项是必要的。数据文件为"MEAN.DAT",该数据为无格式数据（即,以逗号或者空格隔开）。MO 行,即第 7 行末尾有个"C",命令行末尾的"C"表明该行太长,需要延续到下一行,第 53 行关于限定 6 的命令也是如此。第 24 行为限定 9 建立了基础,即首先估计由 F_X 到 X1Z1 的路径以及由 F_Z 到 X1Z1 的路径,然后再估计由 $F_X F_Z$ 到 X1Z1 的路径,该路径系数在第 64 行和第 65 行中被固定为 1,即设定为参照变量。第 36 行通过设定所有潜在预测均值为 0,除了潜在乘积项,来实施限定 1。第 37 行通过强迫乘积项潜变量的均值等于 F_X 和 F_Z 的协方差来实施限定 2。第 41 行通过固定 F_X 和 $F_X F_Z$ 之间的协方差以及 F_Z 和 $F_X F_Z$ 之间的协方差为 0 来实施限定 3。第 42 行施加限定 4,第 44 行固定潜在截距为 0(限定 5)。第 52 行表明 X1 和 X1Z1 之间,以及 Z1 和 X1Z1 之间存在相关误差,而且需要被估计(限定 7)。剩下的 CO 行都是直接根据限定 6 到限定 9 来设定的。ON 行中（第 66 行）有两个新参数:AD＝OFF 告知 LISREL 不进行内部许可检查。IT＝200 设定 LISREL 执行迭代次数的上限为 200。我们发现这些设定在某些情况下对模型的收敛是必须的。

对于该例的数据而言,模型整体的拟合度好。误差均方根（RMSEA）为 0.034,标准化残差均方根（RMR）为 0.019,GFI 为 0.98,CFI 为 0.99,所有其他的指标都表明

模型符合要求。表 4.1 列出了简要输出结果。在"LISREL
ESTIMATES"中和"SQUARED MULTIPLE CORRELA-
TIONS FOR STRUCTURAL EQUATIONS"子部分中，可
以看到估计潜变量平方复相关为 0.48，即预测潜变量解释了
潜在毒品使用方差的 48%。"SQUARED MULTIPLE COR-
RELATIONS FOR Y - VARIABLES"以及"SQUARED
MULTIPLE CORRELATIONS FOR X - VARIABLES"提

表 4.1　关于乘积项分析的简要 LISREL 输出结果

LISREL ESTIMATES (MAXIMUM LIKELIHOOD)

SQUARED MULTIPLE CORRELATIONS FOR STRUCTURAL EQUATIONS

DrugUse

0.48

SQUARED MULTIPLE CORRELATIONS FOR Y - VARIABLES

D1	D2	D3
0.88	0.84	0.83

SQUARED MULTIPLE CORRELATIONS FOR X - VARIABLES

P1	P2	P3	Q1	Q2	Q3	P1Q1
0.81	0.70	0.69	0.89	0.81	0.77	0.76

GAMMA

	Pressure	Quality	Product
DrugUse	1.14	-0.48	-0.99
	(0.08)	(0.06)	(0.08)
	15.15	-8.22	-13.15

PHI

	Pressure	Quality	Product
Pressure	0.47		
Quality	0.26	0.68	
Product	-	-	0.38

供了观测测量(包括乘积项指标)的可靠估计。输出结果
中的 GAMMA 矩阵包含了我们感兴趣的回归系数。它们
是潜在同辈压力 $b_1 = 1.14$，潜在亲子关系质量 $b_2 = -0.48$，
乘积项潜变量 $b_3 = -0.99$。乘积项潜变量的系数统计检
验显著($z = -13.15$，$p < 0.05$)，表明存在交互作用。亲
子关系质量每增加 1 个单位的变化，同辈压力对毒品使用
的影响就会降低 0.99 个单位。

　　上述回归系数也可以通过使用杰卡德，图里西和万
(Jaccaed，Turrisi & Wan，1990)所介绍的方法来表示在不
同亲子关系取值上同辈压力对毒品使用行为的斜率是如
何变化的。具体来说，在给定 Z 值时，斜率 b 为：

$$b \text{ at } Vz = b_1 + b_3 Vz \qquad [4.4]$$

其中 Vz 代表 Z 的具体取值。由于潜变量是经过对中处理
的，Z 得分为 0 就代表 Z 的均值。在方程 4.4 中，用 0 值替
换 Vz，用 1.14 和 -0.99 分别替换 b_1 和 b_3，就得到斜率为
1.14。即当亲子关系质量潜变量取其均值时，同辈压力对
毒品使用的影响被估计为 1.14，即同辈压力每增加 1 个单
位(用同辈参照指标尺度，P1)，毒品使用被预测会增加
1.14 个单位(用毒品使用参照指标尺度，D1)。

　　从在"LISREL ESTIMATES"下面的 PHI 矩阵中看
到，质量潜变量的方差为 0.68，其平方根即为该潜变量的
标准差(0.82)。通过用 -0.82 代替方程[4.4]中的 Vz，用

1.14 和－0.99 分别替代方程[4.4]中的 b_1 和 b_3，我们就可以得到当质量潜变量得分"低"时（即，低于其均值一个标准差），同辈压力对毒品使用的影响为 1.95。当亲子关系质量潜变量得分比较低时（正如低于其均值一个标准差的值所反映的），同辈压力 1 个单位的增长就会导致毒品使用 1.95 个单位的增长。

通过用＋0.82 代替方程[4.4]中的 Vz，用 1.14 和－0.99 分别替代方程[4.4]中的 b_1 和 b_3，我们就可以得到当质量潜变量得分"高"时（即，高于其均值一个标准差），同辈压力对毒品使用的影响为 0.33。当亲子关系潜变量得分好时（正如高于其均值一个标准差的值所反映的），同辈压力 1 个单位的增长就会导致毒品使用 0.33 个单位的增长。

读者在解释 b_1 和 b_2 应该注意，b_1 和 b_2 的取值并不代表传统多元回归中的"主作用"，而是当其他变量取其均值时，该变量的条件作用。尽管可能会有所差别，通常 b_1 和 b_2 的系数和只包含"主作用"模型对应的分析结果是接近的。如果潜在"主作用"变量满足多元正态分布，一个我们用来对乘积项分析进行的假定，它们和只包含"主作用"模型的值是相同的。

第 5 节 ｜ 三向交互作用

　　将本章中的分析策略和第 2 章中关于三向交互作用的分析策略整合起来是可行的。例如，研究者假定，相比于男孩而言，亲子关系质量的调节作用对女孩的影响更强。即在该三向交互作用中，乘积项潜变量的路径系数存在性别差异。我们首先运用堆叠程序进行"第 1 步"分析，其中所有路径在两组中自由变换。程序命令如下：

```
LINE
001    MALES - TEST OF THREE WAY INTERACTION
002    DA NG=2 NI=10 NO=240
003    LA
004    D1 D2 D3 P1 P2 P3 Q1 Q2 Q3 P1Q1
005    ME FI = MEAN.DAT
006    CM FI = COV.DAT
007    MO NY=3 NE=1 NK=3 NX=7 LX=FU LY=FU TD=SY TE=SY PH=SY PS=SY C
008    GA=FU BE=FU KA=FU TX=FU TY=FU AL=FU
009    LK
010    Peer Quality Product
011    LE
012    DrugUse
013    PA LY            !   DrugUse
014    1                ! D1
015    1                ! D2
016    1                ! D3
017    PA LX            !          Peer      Quality      Product
018    1 0 0            ! P1
019    1 0 0            ! P2
020    1 0 0            ! P3
021    0 1 0            ! Q1
```

```
022   0 1 0                  ! Q2
023   0 1 0                  ! Q3
024   1 1 1                  ! P1Q1 (参见限定 9)
025   PA TE                  !       D1  D2  D3
026   1                      ! D1
027   0 1                    ! D2
028   0 0 1                  ! D3
029   PA GA                  !          Peer      Quality      Product
030   1 1 1                  ! DrugUse
031   PA BE                  !          DrugUse
032   0                      ! DrugUse
033   PA PS                  !          DrugUse
034   1                      ! DrugUse
035   PA KA                  !          Peer      Quality      Product
036   0 0 1                  ! Mean Values (参见限定 1)
037   CO KA(3)=PH(2,1)       ! 参见限定 2
038   PA PH                  !          Peer      Quality      Product
039   1                      ! Peer
040   1 1                    ! Quality
041   0 0 1                  ! Product (参见限定 3)
042   CO PH(3,3)=PH(1,1)*PH(2,2)+PH(2,1)*PH(2,1)  ! 参见限定 4
043   PA AL                  ! 乘积项方程截距
044   0                      ! 参见限定 5
045   PA TD                  !        P1  P2  P3  Q1  Q2  Q3  P1Q1
046   1                      ! P1
047   0 1                    ! P2
048   0 0 1                  ! P3
049   0 0 0 1                ! Q1
050   0 0 0 0 1              ! Q2
051   0 0 0 0 0 1            ! Q3
052   1 0 0 1 0 0 1          ! P1Q1 (参见限定 6 和 7)
053   CO TD(7,7)=TX(1)*TX(1)*TD(4,4) + TX(4)*TX(4)*TD(1,1)
           + PH(1,1)*TD(4,4) + C
054   PH(2,2)*TD(1,1) + TD(1,1)*TD(4,4)   ! 参见限定 6
055   CO TD(7,1)=TX(4)*TD(1,1)             ! 参见限定 7
056   CO TD(7,4)=TX(1)*TD(4,4)             ! 参见限定 7
057   PA TY
058   1 1 1
059   PA TX
060   1 1 1 1 1 1 1
061   CO TX(7)=TX(1)*TX(4)                 ! 参见限定 8
062   CO LX(7,1) = TX(4)                   ! 参见限定 9
063   CO LX(7,2) = TX(1)                   ! 参见限定 9
064   FI LX(1,1) LX(4,2) LX(7,3) LY(1,1)   ! 设定参照指标
065   VA 1.0 LX(1,1) LX(4,2) LX(7,3) LY(1,1)! 设定参照指标
066   OU SC RS MI AD=OFF IT=200
067   FEMALES - TEST OF THREE WAY INTERACTION
068   DA NI=10 NO=303
069   LA
070   D1 D2 D3 P1 P2 P3 Q1 Q2 Q3 P1Q1
071   ME FI = FEMMEAN.DAT
072   CM FI = FEMCOV.DAT
073   MO NX=7 NY=3 NE=1 NK=3 LX=PS LY=PS TD=PS TE=PS PH=PS BE=PS
           GA=PS PS=PS C
074   KA=PS AL=PS TX=PS TY=PS
075   LK
```

```
076   Pressure Quality Product
077   LE
078   DrugUse
079   OU SC MI RS AD=OFF IT=200
```

"第 2 步"的命令只是在上面的最后一组输出行（第 79 行）前加入等同性限定即可。该等同性限定强制乘积项潜变量的路径系数在两个组中相等，其限定如下：

```
EQ GA(1,1,3) GA(2,1,3)
```

如果"第 1 步"和"第 2 步"分析的嵌套拟合优度检验的差异是大量的并且是实践上显著的，则说明存在三向交互作用；如果该差异不显著，则我们无法拒绝三向交互作用的假设。

第 6 节 │ **交互作用的大小**

　　有许多方式可以获得交互作用大小的指标。一个指标是简单地去看与潜在乘积项有关的系数的值。例如，本章中的第一个例子中，潜在乘积项的路径系数为 -0.96。基于既有的研究中的测量经验，研究者可能认为调节变量一个单位的变化所带来的斜率变化是"小"的。第二个（某种粗糙的）指标是在样本数据中，交互作用所解释的潜在标准变量中的已解释方差的比例。该作用大小指标是通过从乘积项程序的相关标准 psi 系数减去对应的在程序中忽视交互作用的 psi 系数得出来的。

第 7 节 | **不同测量结果的普遍性**

前面几章关于不同测量分析结果普遍性的讨论同样
适用于乘积项分析。研究者应该检查对潜变量采用不同
参照指标时结果的稳健性。对于多组比较的三向交互作
用分析而言,前面几章关于针对非固定指标测量施加等同
性限定的分析策略可以被有效使用。

第 8 节｜对中

肯尼和贾德（Kenny & Judd，1984）建议在构建乘积项和正式分析之前，应将原始得分均值进行对中处理。平（Ping，1994，1995）以及杰卡德和万（Jaccard & Wan，1995a）的方法假定了上述对中处理。考虑到多元正态分布，对中使得 X1 和乘积项 X1Z1 之间的相关减为 0。当遇到因共线性问题而干扰回归计算程序时，对中是很好的解决办法。

本章中的程序策略并不要求对原始分值进行对中，因此比其他方法更为灵活。考虑到截距与其他参数之间的数学关系，因此并不要求对中处理。实际上，乔约克和扬（Jöreskog & Yang，1996）认为在运用加权最小二乘法分析交互作用时，对中反而会有问题。在本章所介绍的最大似然方法中，我们发现，在有些情况下，对乘积项的组成变量事先进行对中处理是 LISREL 估计收敛的有效方法。当 X1 和 X1Z1 以及 Z1 和 X1Z1 高度相关时，对中处理对于 LISREL 的参数估计的计算是十分必要的。将本章所描述的程序策略用于已经对中的数据可能会有一点点负面实践影响。当然，对潜变量 F_X 和 F_Z（如限定 1 所描述）进行对中对程序策略是必要的。

第 9 节 ▏**多个乘积项**

当然有些情况下,研究者可能在同一个方程中包含两个或以上的潜在乘积项,以及一个给定潜变量出现在两个乘积项中。例如,除了毒品使用的同辈压力和亲子关系质量的潜在乘积项外,研究者还想分析同辈压力和社会阶层的潜在乘积项(其假定同辈压力对来自较低阶层的研究对象的影响更大)。

假定社会阶层有两个指标,SC1 和 SC2。第一个潜在乘积项的乘积指标为 P1 乘以 Q1,第二个乘积项是 P1 乘以 SC1。我们前面介绍的 LISREL 程序可以用来分别设定这两个乘积项。然而,P1 同时出现在两个乘积项中,表明两个乘积项的测量残差存在相关(TD 矩阵),研究者可以根据乔约克和扬(Jöreskog & Yang,1996)的讨论来施加必需的相关限定。

第 10 节 | 连续变量的复杂交互

目前我们关于交互作用乘积项的讨论主要集中在特定形式,即线性交互作用上。其他(更复杂)的交互作用形式可能是有效的。例如,从毒品使用回归到同辈压力的斜率变化可能不像亲子关系质量是线性的函数,而是像这个变量的二次函数。在传统的多元回归分析中,这可以通过如下的方程被模型化:

$$Y = \alpha + \beta_1 X + \beta_2 Z + \beta_3 Z^2 + \beta_4 XZ + \beta_5 XZ^2 + \varepsilon$$

$$[4.5]$$

其中 Y 是标准测量,X 是感兴趣的预测,Z 为调节变量(参考 Jaccard,Turrisi & Wan,1990:55—59)。上面的模型也可以采用本章介绍的逻辑来估计回归系数,其潜变量方程如下:

$$F_Y = \alpha + \beta_1 F_X + \beta_2 F_Z + \beta_3 F_{z_z} + \beta_4 F_X F_Z + \beta_5 F_X F_{z_z} + \varepsilon$$

$$[4.6]$$

关于这种情况的讨论,请参考乔约克和扬(Jöreskog & Yang,1996),以及肯尼和贾德(Kenny & Judd,1984)。

第 11 节 │ 连续调节变量与定性预测的乘积项

　　有些情况下，研究者会关注一个连续的调节变量是如何影响定性预测变量和连续标准之间关系的。例如，研究者希望检验父亲缺席（单亲家庭）比上有父亲（双亲家庭）对男孩的智力发展的影响，他或她假定智力发展的均值差异是父亲在场的函数，可能会随着母亲经济地位的提高而减弱。由于调节变量是连续变量，因此我们第 2 章中介绍的多组比较策略并不适合该交互作用分析，而本章的讨论也不被简单应用于该问题的分析。

　　最有效的方法将使用一个代表父亲在场的虚拟变量，以及代表经济地位和智力发展的多指标（用来包容可能的测量误差）。虚拟变量被用来形成潜在预测的乘积项，然后按照本章介绍的方法进行分析。遗憾的是，关于这种分析有效执行的数学基础已经超出了本书的讨论范围。

第 12 节 | 与传统多元回归分析的比较

关于使用传统多元回归中连续测量中乘积项的使用，杰卡德、图里西和万（Jaccard，Turrisi & Wan，1990：20—33）已经做了详尽的描述。与传统多元回归分析只包含单一指标不同，本章的策略运用了多指标的每个变量。多指标可以在误差理论的框架下进行参数估计，这也是结构方程模型方法的一个显著优势。近些年来，传统多元回归乘积项的测量误差问题已经引起了相当大的关注（参见 Jaccard，Turrisi & Wan，1990，作为一个总结），然而并未找到可行的替代方法。多指标的结构方程模型策略已经做到了这一点，尽管方法论的局限性还需要进一步的讨论。结构方程模型方法的另一个优势就是它可以根据数据背后误差结构的复杂性来进行复杂的研究设计。

尽管本章介绍的分析很有前景，还有很多问题需要进一步的探索。本章所介绍的各种限定以及估计结果的稳健性都是建立在"主作用"潜变量和误差残差项服从多元正态分布的假定上的。如果违反了该假定，这些限定就都是有错误的。当"主作用"潜变量和指标违反多元正态分布假定时，其估计结果的稳健性还需要进一步的研究。我们关于本例的初步分析表明，轻微或适度的偏离多元正态分布假定（参见 Jaccard & Wan，1995b），对模型结果的稳健性没有影响。据我们所知，目前还没有关于通过最大似然来估计多指标三向交互作用模型结果稳健性的模拟。

第 13 节 ┃ **其他方法**

　　除了本章介绍的分析潜变量乘积项的方法外，学者还提出了其他几种方法。平（Ping，1994，1995）和杰卡德与万（Jaccard & Wan，1995a）所介绍的方法依赖于 LISREL 中的最大似然分析，不同的是他们的方法需要对原始得分进行对中，不像本章介绍的方法那么灵活。他们所建议的统计限定也与本章的统计限定很不相同，因为对中简化了变量间的数学关系，从而可以忽略很多限定的影响。

　　乔约克和扬（Jöreskog & Yang，1996）的方法要更好一些，因为他们的方法利用了相关均值和截距，因而在通常分析对中或非对中数据时，可以提供更合理的参数估计。杰卡德和万（Jaccard & Wan，1995a）的方法运用了潜在乘积项的 4 个指标，从而释放了一些需求乘积项指标间的相关误差的统计限定。在模拟研究中，他们的估计策略产生了可靠的估计结果，可我们仍然认为乔约克和扬（Jöreskog & Yang）用单一指标的方法会更好一些。这是因为乔约克和扬的方法在估计策略中考虑了截距项以及均值结构，通过运用乘积项单一指标从而最小化了系统中的非正态分布。

如何确定不同模型限定中显露的总体结构的乘积项指标合理的个数仍然需要进一步的研究。平（Ping，1994，1995，1996）的方法运用了两阶段的估计策略，这在LISREL 7 中是必要的，在 LISREL 8 中就不需要了。LISREL 8 可以容纳需要的参数进行同时估计。因此，本章介绍的方法要优于平的方法。博伦（Bollen，即将出版）提出了用两阶段最小二乘法来分析乘积项潜变量，这看起来也很有前景。他的方法需要工具变量和大样本。由于采用有限信息（limited information，LI）而非完全信息（full information，FI）的方法进行参数估计，因而参数估计的有效性较差。方法绕开了潜变量多元正态分布的假定，因此还是有很多优点的。研究者需要进一步比较博伦的方法和乔约克与扬（Jöreskog & Yang，1996）方法的优劣。

关于潜变量模型中引入乘积项的分析还在初级阶段，在我们了解其在不同研究条件下的最终效用前，还有很多工作要做。我们建议读者在运用这些方法时要特别留心，并且及时关注这个领域的最新研究进展的统计文献。

第5章

一般的考虑

　　由于在估计和检验交互作用的统计显著性时考虑了测量误差（包括对横截设计和对纵贯设计的系统性误差和随机性误差），本章介绍的方法是有帮助的。克服不可靠测量的能力是可能的，因为对研究兴趣概念的多指标的存在。这暗示研究者在设计研究时要尽可能地收集多指标以便解决测量误差的问题。在本章中，我们讨论一些研究者在设计结构方程模型来分析交互作用时应该考虑的一些实际问题。

　　第一，我们会介绍获得多指标的其他方法；第二，我们讨论一下样本规模和统计效力；第三，我们介绍检验多元正态分布的方法以及非正态分布时的潜在修正方法；第四，我们讨论缺失数据的问题；第五，我们讨论一些除了传统拟合卡方检验之外的模型拟合指标；第六，我们讨论引入协方差和使用单指标的相关问题；第七，我们讨论结构方程模型分析交互作用的一些注意事项。

第 1 节 | **获得多指标**

　　本书所介绍的各种分析策略都需要多指标。有时研究者可以很容易获得多指标。也许已经存在两到三个在实践和心理测量上都合理的测量。然而，有时研究者可能仅有一个他或她有信心的指标。

　　当面对这种情况时，研究者可以借助以下几个策略来生成多指标。如果单一测量是一个多题项量表，研究者可以通过折半法生成多指标。即首先随机将量表题项分成两组并分别计算其"分值"，然后用这两个分值作为同一个概念的多指标。这种方法要求题项要有高度的同质性。另外一种策略是利用测量—重测的方法，即执行两次相同的测量，然后用两次测量分值作为同一个概念的多指标的执行。这种方法要求所要测量的概念在两次执行时保持不变，而且还要保证第一测量在第二次测量上不会产生记忆或者其他效应。

　　折半策略和测量—重测策略众所周知都是测量心理学中用来估计信度的方法。与应用传统的测量心理学理论来估计一系列测量的信度相比较，结构方程模型的方法在估计测量误差和纠正误差偏误上并没有更加保守或者更不保守。结构方程模型方法将误差理论和概念理论结合起来，以及同时进行测量模型和结构模型中的参数估计，从而超越了传统测量心理学理论的范畴。

　　第二个问题就是每个概念应该有几个指标，大部分方法学者推荐至少三个。两个指标的研究策略在分析复杂问题时可能会遇到模型无法识别的问题。我们通过图 5.1 中的模型来说明这个问题。我们只关注模型左边的一个有两个指标的单一潜变。想象一下另外一个潜变量和指标都不存在。数学上可以证明两个指标的相关系数等于由潜变量到观测指标的标准化路径系数的乘积（即 $r_{12} = p_{1A}p_{2A}$）。这样就会有无数对路径系数完美复制 r_{12}。例如，如果 $r_{12} = 0.24$，可以是 $p_{1A} = 0.8$，$p_{2A} = 0.3$；也可以是 $p_{1A} = 0.6$，$p_{2A} = 0.4$。所以，只基于单一观测相关系数 r_{12}，LISREL 是无法给出路径系数的独特解的。我们称这种情况为无法识别，因此没有可能得出任何的解。然而，如果一个概念有三个指标，就可以确定路径系数的唯一解。这也是为何我们推荐至少要有三个指标的原因。使用四个指标不仅可以产生路径系数的唯一解，而且还可以在评估模型拟合情况时检验预测相关系数与观测相关系数之间的差异。因此，有些方法学者推荐使用四个指标。

　　尽管我们推荐使用三个或以上的指标，然而，使用两个测量指标未必一定会导致无法识别的模型。在图 5.1 的模型中，尽管每个潜变量都只有两个指标，只要两个潜变量的相关系数不为 0，该模型的路径系数就有唯一解；如果相关系数为 0（或者在实际中接近于 0），则会产生模型无法识别的问题。实际上，潜变量间的相关意味着为每一个潜变量都增加了第三个"指标"（即另一个潜变量），因而可以产生唯一解。总之，使用两个指标可能会遇到模型无法识别的情况（但并非一定），而三个指标就不会出现这种问题。

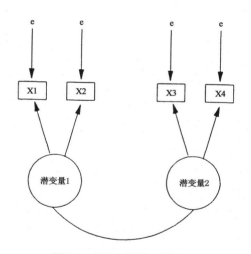

图 5.1　实践中无法识别的例子

　　另外一个关于测量的重要问题就是如何选择用来定义潜变量尺度的参照指标。正如我们前面讨论的，在检验交互作用时，选择不同的参照指标可能会得出不同的结论。交互作用的检验应该考虑到不同测量间的普遍性，尤其是当选择参照指标是随意的时候。一般来说，参照指标应该在过往研究中站稳脚跟，并且拥有良好的心理测量历史。理想的情况是，参照指标的尺度有其内在的意义，或者是在文献中通过其广泛应用获得了其意义。

在本书中我们一直强调多指标方法的一个优势就是可以在测量误差理论的框架下进行参数估计，然而，这并不意味着结构方程模型分析可以作为较差测量的替代方案。信度较低或者有问题的心理测量历史的指标会立刻造成分析误导。我们鼓励研究者在分析交互作用时要采用高质量的测量。

第 2 节 | 关于样本规模的决定

当研究者用结构方程模型做研究时，选择合适的样本规模是个很复杂的问题。首先要考虑的问题是统计效力，或者说要保证犯第二类统计错误的概率足够低。一些学者已经提供了采用多指标结构模型进行统计效力分析的程序（参考 Jöreskog & Sorbom，1993；Kaplan，1995；Saris & Satorra，1993），然而实际中，在实施研究之前，很难对本书所介绍的多指标模型进行统计效力分析。统计效力分析需要研究者对在模型中所有的参数的总体值有个精确的估计，对于复杂多指标模型而言，这是一项非常艰难的任务。两个或者三个不精确的估计就有可能会影响效力分析。如果数据中的变量非正态分布影响统计效力，则情况会更为复杂。

一个不太完美的策略就是当计划用结构方程模型时，研究者对 OLS 分层回归进行传统的统计效力分析，即在估计交互作用的规模时，将交互项看作"主作用"中的另外一个预测放入回归方程（参考 Cohen，1988）。例如在传统回归分析中，研究者希望计算当"主作用"总体回归模型的平方复相关系数为0.15，以及"主作用加交互作用"模型的平方复相关系数为0.20（即交互项增加了5％的额外解释方差）时，达到0.80的效力所需要的样本规模。如果交互项只包含一个变量（比如单个连续变量的乘积项），则实现0.80（α为0.05）的统计效力所需要的样本规模为130。这只是关于为了实现特定统计效力所需的样本规模的一个"大约"估计。

另外一种分析统计效力的策略是自助法，我们通过本书第4章中毒品使用乘积项分析的例子来说明这种方法的逻辑。在这个研究中，研究者一共收集了800个研究对象数据。我们首先假定样本数据可以代表总体数据，然后通过放回抽样随机地在样本中抽取800个研究对象，这通常在转换原始数据之后再进行（参考Bollen & Stine，1993）。通过可放回抽样，原始的样本就可以模拟出从小样本中抽取无限大的总体。之后，我们再用原来的LISREL程序分析这个新的"自助"样本数据（即第4章里介绍的乘积项程序）。

我们关心的核心问题是有关乘积项系数的原假设是否被拒绝。假定被拒绝了（即z的绝对值大于1.96）。接下来，我们重复这一过程。通过可放回抽样的方法，随机从原来的样本中选取800个研究对象。然后我们运用原来的LISREL程序对数据进行乘积项系数的显著性检验，再次注意原假设是否被拒绝。当我们继续多次重复"自助"程序，比如说 500 次，执行 500 次独立的 LISREL 分析。之后，我们计算 500 次中原假设被拒绝的次数的比例，其比例可以用来估计系数的统计效力。

　　从实际分析来看，自助分析可能并不是很容易进行。然而，LISREL 8 包含了自助特性，从而比较容易执行自助分析。除非最初的模型对样本数据拟合得比较好，否则自助分析不能作为统计效力分析的策略。即便如此，自助分析结果也只能视作统计效力的粗略估计。其优势之一是可以在数据呈非正态分布的情况下进行统计效力估计。它最适合在收集了样本数据之后进行，而在研究计划阶段，即研究者希望确定样本规模时并没有多大作用。研究者可以利用试调查数据和自助法相结合来作出关于样本规模的决定，但是试调查数据必须有足够多的样本以便能代表总体，这对于大多数应用案例来说是不太可行的。关于自助的执行程序，请参阅斯泰恩（Stine，1989）以及博伦和斯泰恩（Bollen & Stine，1993）。

　　关于样本规模的决定，除了统计效力外，研究者还要考虑到输入协方差矩阵的稳定性。对于有效的分析而言，样本协方差矩阵必须稳定而且接近总体的协方差。一般来说，其他因素等同的情况下，样本规模越大，协方差矩阵越稳定。在因子分析以及其他多指标分析中，许多方法学者推荐样本规模要根据分析变量的个数来决定（例如，Bag-galey，1982；Marasculio & Levin，1983）。例如，一个首要

原则是研究者要保证样本规模至少是观测变量个数的 10
倍。其实文献中关于样本规模和观测变量个数之间关系
的讨论并不一致，有些学者推荐样本规模低至观测变量个
数的 5 倍，而有些学者则推荐高至 100 倍。有些并无直接
参与确定样本规模规则的方法学家则简单地认为因子分析
问题的样本规模最少要是观测变量个数的 100 到 200 倍（例
如，Comrey，1978；Loo，1983）。卡特尔（Cattell，1978）提供
了另一个标准，样本规模要基于观测变量所要测量的因子
的个数来决定。最后，还有些学者则简单地推荐尽可能获
得足够大的样本（例如，Rummel，1970）。

　　协方差矩阵的稳定性会受很多因素的影响，包括样本
规模、矩阵中变量个数、矩阵中协方差的大小，以及协方差
的模式。这使得给出关于确定最优化的样本规模的建议变
得很困难。瓜达尼奥利和维利瑟（Guadagnoli & Velicer，
1988）评述了因子分析和主成分分析的相关文献中关于样
本规模的考虑，并且对样本规模的效应进行了大量的蒙特
卡洛研究。与其他的蒙特卡洛研究结果一致，他们没有发
现基于样本规模和变量个数来确定合理样本规模的准则。
影响样本协方差矩阵稳定性的最重要因素是绝对样本规
模的大小和由潜概念到观测指标的路径系数的大小（即
"饱和"）。当标准化路径系数小时（即接近 0.40），样本规模
就很重要；在中等或较高饱和水平时（比如当标准化路径
系数为 0.60 到 0.80），一旦获得了一定的样本量，进一步增

加样本规模 N 对于改善协方差稳定性的作用很小。当饱和水平比较高时(由潜变量到观测指标的标准化路径系数大于 0.80),即使是协方差矩阵中变量的个数多,50 的样本规模也可以得到好的稳定性。

　　尽管在应用本书中的模型时,瓜达尼奥利和维利瑟的研究还需要更深入的探索,我们还是可以给应用型研究者一些临时的建议。如果每个潜变量都至少有三个测量指标,而且饱和水平比较高时,较小的样本规模(75 到 100 左右)可以产生合理稳定的协方差矩阵(尽管样本规模在统计效力方面可能会导致不尽如人意)。当中等饱和水平时(0.60 左右),接近于 150 的样本规模基本上可以保证合理稳定的样本协方差矩阵。在某些情况下如果样本大小一定是很有限的话(受到实际操作的限制),就需要考虑使用与传统的估测方法不同的措施来估计总体的协方差矩阵使其适用于小样本的情况(Pruzek & Lepak,1992)。当饱和水平比较低时(0.40 或更小),最小的样本规模应该接近于 300(尽管可以通过增加大量的对每个潜变量的观测指标来部分地弥补)。

　　我们对第 4 章中描述的包含乘积项的分析策略进行了模拟研究,当每个潜变量都有三个测量指标,饱和水平比较高(接近 0.80)时,175 的样本规模就可以获得好结果。测量的信度基本上等于由潜变量到观测指标的标准化路径系数的平方(假定没有相关测量误差)。因此,拥有信度在 0.65 及以上的心理测量历史的测量将陷入"高饱和"的情境中。

关于决定样本规模的第三个考虑关注基于渐近理论的统计检验的行为。当样本规模足够大时，模型拟合优度的卡方检验基本服从卡方分布。而当样本规模较小时，统计量的抽样分布并不近似卡方分布。关键的问题是："什么是足够大的样本规模？"对于这个问题并没有简单的答案，因此这要取决于要检验的模型和数据的模式。有些学者认为要想得到合理的卡方检验最小的样本规模为 100（如 Boomsma，1983）。如果拟合指标并不取决于样本规模（参见附录第 1 部分），在足够的统计效力情况下，较小的样本规模也可以适应合理稳定的输入协方差矩阵，以及用以执行参数估计的传统假设检验。

对于使用多组策略的定性调节变量（第 2 章），由于实际的限制，社会科学家有时在每组中使用小样本规模。对于有效的多指标结构方程模型分析而言，争论的问题仍然是最小样本规模。对于大多数社会科学研究来说，我们的经验是每组小于 50 个样本的话，那么在检测斜率的组间差异时通常将会产生无法接受得低的统计效力。当总体中交互作用规模大时（占了解释方差的 20％或者更多），可能不会出现这种情况，但这种情况很少出现在复杂的行为的研究中。

我们对含有两个潜在预测和一个潜在标准（其中每个

潜变量都有三个指标,而且每个指标都具有高度饱和性,即由潜变量到观测指标的标准化路径系数为0.83)的单一回归模型进行了多组比较模拟分析。我们发现每组 75 个样本并且交互作用的大小为中等水平时,LISREL 产生的参数估计仅有微小的偏差;我们发现进行嵌套拟合卡方检验时,膨胀第一类错误的概率很小(α 为 0.05 时,实际犯第一类错误的概率为 0.065),而且也可以带来可以接受的统计效力(参见 Jaccard & Wan, 1994)。这些结果可能无法普遍化到更为复杂的模型中,但是它们确实表明在一定条件下,相对较小的样本规模是可以考虑的。

综上所述,如果某项研究(1)具有可靠的测量(即信度大于 0.65);(2)预期交互作用的大小为中等水平(在传统多元回归意义上,交互作用占解释方差的 5% 左右);(3)数据接近于多元正态分布;(4)研究者要求统计效力接近 0.80,那么,150 左右的样本规模就足够进行第 3 章和第 4 章中的那种分析了。对于第 2 章中的多组比较分析而言,每组最好有不低于 100 的样本量,但是在某些情况下,每组 75 个样本也是可行的。读者需要注意上面的标准只是我们临时性的推荐,基于不同的研究的模型和最小拟合标准,例外情况也是有的(如 Stone & Soble, 1990)。然而,我们给出这些推荐目的是让读者对样本规模的要求有个了解。

第 3 节 | **多元正态分布**

当观测变量不是多元正态分布时，最大似然分析有可能会产生有偏的标准误以及较差的整体模型拟合度卡方检验。研究者面临的一个重要任务就是检查是否有多元正态分布存在，如果有，然后再考虑如何处理这种情况。LISREL 的附属程序 PRELIS 可以执行正态分布诊断。对于每个输入变量，PRELIS 都提供了其峰度和偏度的测量，并且检验峰度和偏度是否显著地不等于 0。此外，对多元峰度和多元偏度整体检验是以卡方统计量的形式被提供，可以被用来检验是否显著地不同于多元正态分布。为了成为多元正态分布，观测必须是单变量正态分布。然而，单变量正态分布不一定能保证多元正态分布，即单变量正态分布是多元正态分布的必要非充分条件。

根据我们的经验，PRELIS 提供的显著性检验不是很有帮助。当样本规模小于 300 或 400 时，峰度和偏度抽样分布的统计量倾向于会偏离正态分布或卡方分布。而当样本规模大于 300 时，即便是细微的偏离正态分布都会在显著性检验中产生较大的 z 值。越来越多的文献表明，对于各种偏离多元正态分布的情况，最大似然估计的结果是比较稳健的。因而，问题并不是非多元正态分布是否存在，而是偏离多元正态分布的程度是否足够影响有效的数据分析。

大部分关于最大似然估计结果稳健性的蒙特卡洛研究都是报告单变量而非非正态分布的多变量指标。实际上，学者们很难给出一个关于到底什么是有问题的非正态布的正式指导，这是因为影响估计结果稳健性的因素有很多，如样本规模、模型的复杂程度，以及非正态分布的特性。这些复杂性已经导致了文献中相互冲突的结果。例如，有些研究发现偏度对参数估计和标准误估计的影响非常微小（如 Sharma，Durvasula & Dillon，1989），而有些研究则认为作为偏度的函数的估计复杂性（Kaplan，1990）。几乎所有的研究都发现卡方检验及对应的标准误都对峰值很敏感（如 Boomsma，1983；Chou，Bentler & Satorra，1991；Harlow，1985；Hu，Bentler & Kano，1992；Sharma，Durvasula & Dillon，1989）。正的峰值倾向于导致估计参数标准误的负向偏离（因此增加了犯第一类错误的概率），而负的峰值倾向于导致估计参数标准误的正向偏离（因此增加了犯第二类错误的概率）。卡普兰（Kaplan，1990）建议所有变量指标数据间的单变量偏度的绝对值小于 1，基本上可以安全地进行最大似然估计，尽管有些学者认为这过于保守。韦斯特、芬奇和柯伦（West，Finch & Curran，1995）广泛回顾了针对非正态分布的稳健性的研究。博伦（Bollen，1989）认为非正态分布的多元指标很重要，然而依旧，如何使用结构方程模型中的测量还没有有效的指导建议。这个问题仍然需要进一步的研究来为应用性研究者推荐一些实际的指导性建议。

考虑到非正态分布无法接受的水平，研究者可以采取以下几种措施。首先，研究者可以通过分析找出相对于正态分布的奇异值。奇异值是指高度偏离数据的基本模式从而影响数据孤立的基本趋势的少数观测值。数据中的非正态分布有可能是因为这些奇异值造成的，如果剔除了奇异值，就有可能执行有效的分析了。如果成功地找到了奇异值并将其剔出数据分析，研究者则需要详细地分析奇异值的特征，以便相应地调和普遍性。例如在关于大学生性行为的研究中，研究者发现奇异值是那些工作多年后重新返回学校的大龄已婚学生。应该从分析数据中剔除这些学生，并且结论应用的总体是不包含此类学生。关于结构方程模型中奇异值的分析的讨论请参阅博伦（Bollen，1987）和拉斯马森（Rasmussen，1988）。

处理非正态分布的第二种策略是将所有得分都转化到一个变量上，从而让它们更接近于正态分布。这种策略适用于度量是随意的测量。例如，假设研究者设计了一个包含 20 个题项用来测量数学潜力的量表，分值越高（0—

20)代表数学潜力越大。理想情况下,得分的分布应该反映出数学潜力的实际分布。然而,研究者发现量表比较粗糙而且没有完全符合分布。假定研究者相信数学潜力的分布为正态分布。如果观测得分不是正态分布,很有可能是量表出现了问题。将得分进行变换从而使其更接近于正态分布是可能的,因而提供了反映数学潜力的真实分布。在这种情况下,研究者可以寻求转换。

有很多转换形式可以供研究者选择。转换的效果取决于原始得分的最初分布和得分的尺度。例如,对于下面两种情况——原始得分为-10 到+10 和原始得分为 0 到20,对其取平方的转换则有完全不同的效果。关于如何选择转换形式的有用的建议,请参考阿特金森(Atkinson,1985),丹尼尔和伍德(Daniel & Wood,1980),以及埃默森和斯托托(Emerson & Stoto,1983)。

然而,有些情况下转换可能同时具有概念和测量的含义。例如,在关于以美元为单位的官方汇报的工资水平的研究中,很有可能观测得分的分布和收入的真实分布是(近似)一比一的,并且度量并不具有随意性。任何转换都有可能改变什么被模型化。比如说,收入的对数转换意味着研究不再模型化美元,而是构造美元的对数的模型。任何基于数据关于理论的普遍性都应该是基于美元对数而非美元,这是因为系数预测的是美元对数而非美元。

我们在第 4 章中介绍了通过乘积项来进行交互作用分

析的策略。一般来讲，即便是组成乘积项的测量服从正态分布而且没有统计的交互作用，乘积项指标也不服从正态分布。为了排除非正态分布而对乘积项指标进行转换是不合适的（转换可能对"主作用"或组成变量的指标合适，优先于乘积项指标的构成）。这样的转换违背其真实分布及数学关系。

处理非正态分布的第三种方法是采用不同于在违反正态分布的情况下稳健的最大似然的估计程序。其中比较普及的方法是 ADF 或加权最小二乘法（WLS）。遗憾的是，这种方法需要较大的样本规模，对于小样本研究设计而言，其估计结果不是很好。关于 WLS 估计的详细讨论，参见博伦（Bollen，1989），本特勒（Bentler，1993），以及胡、本特勒和狩野（Hu，Bentler & Kano，1992）。另外一种可能性是由本特勒（Bentler，1993）提出的稳健最大似然估计法，EQS 程序中可用（LISREL 中不行）。

最后一种处理非正态分布的方法是运用自助法来估计标准误。自助法关于标准误的估计及对假设的检验需要对样本数据进行特别的转换。关于这个问题的详细讨论，参见博伦和斯泰恩（Bollen & Stine，1993）。

第 4 节 | **缺失数据**

　　研究者偶尔会遇到某些变量缺失数据的情况。统计学家已经提供了几种处理缺失数据的方案。例如在含有 X、Y 和 Z 三个变量的数据中。第一种方法是从分析中删除在任何变量上含有缺失数据的研究对象，即个案剔除法（listwise deletion）。第二种方法是只有当参数估计涉及含有缺失数据的变量时才将该研究对象删除，即成对删除法（pariwise deletion）。例如，某个研究对象只在 X 变量上有缺失，那么在计算 Y 和 Z 的协方差时包含该研究对象，而在计算 X 和 Z 的协方差时不包含。第三种方法是采用各种方法猜测或估计缺失数据并将其补上，即填补法（imputation）。

　　第一种填补方法是用该变量的平均得分来替换缺失数据。如果某个研究对象在 X 变量上有缺失数据，则用研究对象中 X 的平均得分来填补该缺失值。第二种方法是利用其他非缺失变量的信息来准确预测给定研究对象的缺失数据。例如，通过只分析完整数据的研究对象，研究者可以计算一个回归方程从其他变量中来预测 X。如果复相关系数比较大，研究者可以通过回归方程来计算在回归方程中的其他变量上没有缺失数据但是 X 缺失数据的"预测"得分。然后将预测的分值填补到缺失值上。第三种是热卡（hot deck）填补法，这种方法通过运用数据集中其他研究对象的得分来替代缺失值，其在所有其他变量上都拥有和缺失数据的研究对象相等的得分（Ford，1983）。第四种通常策略是在模型分析中用虚拟变量或者多组比较方案来确定缺失数据的模式，然后在模型中引入对缺失值的统计控制（例如，参见 Allison，1987；Cohen & Cohen，1983）。

选择缺失数据的处理方法取决于很多因素，这些因素包括：（1）样本规模；（2）缺失数据发生的频率以及变量间缺失数据的模式；（3）总体协方差的大小及模式；（4）分析的类型（即要估计的参数以及要用的统计算法）；（5）进行精确填补策略的能力；（6）数据是系统性缺失还是随机性缺失。关于选择的标准已经超出了本书的范围，读者可以参阅蒂姆（Timm，1970），埃里森（Allison，1987），博伦（Bollen，1989：369—376），穆森和乔约克（Muthén & Jöreskog，1983），穆森、卡普兰和霍利斯（Muthén，Kaplan & Hollis，1987），李（Lee，1986），利特尔和鲁宾（Little & Rubin，1987）。下面是我们关于不同方法的评论。

如果数据缺失是完全随机（missing completely at random，MCAR）而且满足模型的基本假定，在样本规模足够

大的情况下,个案剔除法不会对估计造成困扰。该方法的
主要缺点是样本的损失量可能较大,潜在破坏统计效力和
样本协方差矩阵的稳定性。例如,如果一个数据包含 15 个
变量,每个变量都有 5% 的数据随机缺失,那么含有完整数
据的样本还不到一半。如此严重的样本规模减损会导致
估计的低效性。

　　成对删除法对 MCAR 数据更为有效,但同时也引入额
外的复杂性(Browne,1983)。成对删除缺失数据可能(但
不是必然)会产生非正定的样本协方差矩阵,从而引入分
析复杂性。例如,通过成对删除策略,可能会得到理论上
不可能的相关系数和协方差的模式。例如 X、Y 和 Z 之间
的三个可能的相关系数。一旦知道了两个相关系数,基本
上可以确定第三个相关系数的取值范围。即相关系数 r_{XY}
的最大值为 $r_{XZ} \times r_{YZ} + [(1-r_{XZ}{}^2)(1-r_{YZ}{}^2)]^{1/2}$,最小值为
$r_{XZ} \times r_{YZ} - [(1-r_{XZ}{}^2)(1-r_{YZ}{}^2)]^{1/2}$。如果 r_{XZ} 为 0.8,r_{YZ}
为 0.4,那么 r_{XY} 的取值范围为 -0.23 到 0.870,任何超过这
个范围的取值都是不可能的。但是成对删除缺失数据,就
有可能使 r_{XY} 超越上述范围。

　　LISREL 通常会通过告知研究者输入的矩阵非正定来
指示这种情况的存在(尽管其他情况也有可能导致输入矩
阵的非正定,参见 Wothke,1993)。当发生这种情况时,采
用传统的成对删除法是有问题的。

　　成对删掉策略的另外一个问题是如何定义 LISREL 程

序中 DA 行中的观测的个数。传统的做法是使用计算不同
的方差和协方差中的最小样本规模。目前还无法确定这
是不是最优的方案。一般来讲，在控制其他条件下，较小
的样本规模会降低卡方检验统计的值，从而导致低概率模
型拒绝。在控制其他条件下，较小的样本规模还会增加模
型中参数估计的标准误，从而降低显著性检验的统计效
力。另外一种方案是用样本规模的范围来分别评估模型
（如最大、最小及平均）。如果在不同条件下结论都是一致
的，那么样本规模值的选择则不重要。如果结论随着样本
规模的函数变化，那么结论必须相应地调和。

填补法提出了复杂的问题。在某些方面来讲，填补法
是一种数据编造（因为研究者编造值来填补缺失数据），因
而选择填补法时需要特别谨慎。有效的填补需要可以产
生精确填补值的预测策略，这对很多数据而言是不太可能
的。在进行填补时，研究者必须提供可接受精确性的合理
标准。关于这方面的统计文献还缺少实际的指导和建议。
即便是精确预测是可行的，博伦（Bollen，1989：371—372）
指出有些形式的填补在模型评估中引入了异方差和非正
态分布。如果缺失数据是最小限度的，从检验框架的假设
视角来看（即膨胀第一类错误的比率），在给定合理的精确
填补情况下，这未必会造成困扰。一般来讲，最好用要验
证的模型之外的变量来作为预测填补值的方法。利特尔
和鲁宾（Little & Rubin，1987）的 EM 方法是比较有前景

的填补法的变异(也可以参考 BMDP 中的 AM 计算程序)。这种方法已经被成功地应用到了结构方程中(Kiiveri，1987)。

埃里森(Allison，1987)以及其他学者(如 Muthén，Kaplan & Hollis，1987)提出的模型策略理论上比较精致，但在社会科学研究中的大部分分析实际应用价值有限。模型法要求缺失数据有限而且遵循简单的模式，这在实际研究中很少见。然而，该方法有着坚实的统计基础而且可以处理数据非 MCAR 的情况。

罗思(Roth，1994)对处理缺失数据各种方法的文献进行了评述。总体上来讲，当数据缺失是完全随机的而且其比例低于 10％时，学者们一致认为这对参数的统计显著性检验不会造成太大的影响(Gilley & Leone，1991；Malhotra，1987；Raymond & Roberts，1987)。对于乘积项分析(第 4 章)，在处理乘积项组成变量 X 和 Z 的缺失情况时通常应该采用个案删除法，或者在形成乘积项之前对其组成变量 X 和/或 Z 得分进行填补。

第 5 节 ｜ **拟合指标**

　　贯穿在本书中的是，我们依赖于传统的卡方值拟合优度来检验交互作用。我们强烈推荐读者在评估模型拟合时认真检查除传统卡方检验之外的其他指标。第 2 章和第 3 章中的交互作用分析主要使用了嵌套卡方差异检验。这种模型拟合差异的检验也可以采用其他拟合指标。例如，对估计参数没有进行限定的第 1 步模型的 CFI 值为 0.98（关于 CFI 统计的讨论请参考附录第 1 部分），对估计参数限定的第 2 步模型的 CFI 值为 0.82，两个 CFI 差异为 0.16，相当大，这表明对估计参数施加限定是不可行的。

　　根据我们的经验，即便是交互作用的规模比较大，当对单一交互作用进行参数限定时，出现拟合指标（比如 GFI、标准化 RMR、CI、CFI、DELTA2 和 RMSEA）较大变化的情况并不多见。如果观测变量的个数多而且模型要拟合的数据复杂，除了在一两个可能含有交互作用的单元里，模型基本上可以很好地再现观测协方差矩阵。在这种情况下，差的限定模型拟合则表明，在计算整体拟合指标时,没有交互作用被模型其他方面的好拟合所"陷入"。基于这个原因,我们也推荐研究者要留意模型中具体参数的拟合指标以及协方差矩阵的特定输入(例如修正指标和残差,参见附录第 1 部分)。

第 6 节 ｜ 协变量及单一指标

在回归方程中经常会包含协变量。协变量可以为连续变量也可以为定性变量。当协变量为连续变量时，比较有效的策略是先获得该协变量的多指标，然后将其纳入回归方程中。对于乘积项分析（第 4 章），KA 矩阵中协变量的均值应该被固定为 0。如果协方差为定性变量（比如宗教或性别），可以将其作为被固定的外生变量整合到分析中（详情参见 Bollen，1989：126—127；Cohen & Cohen，1983；Muthén，1989）。

尽管我们强烈建议使用多指标，但有时模型分析中的变量只有单一指标。无论是多指标模型还是单一指标模型都可以采用本书介绍的策略进行分析。当单一指标被用于潜变量时，为了给潜变量提供度量，由潜变量到指标的路径系数必须被固定为 1.00（即该路径系数无法在 LX 或 LY 矩阵中估计），并且指标的测量误差也必须被固定为特定的值（通常为 0，或者其他实现设定的测量误差值，参考 TD 或 TE 矩阵）。对于例外的情况，请参考乔约克和索邦（Jöreskog & Sorbom，1983）。

第 7 节 ｜ 一些注意事项

　　尽管本书所介绍的方法在应用中还有很多潜在的进一步的工作要做。我们希望我们的介绍能够引起更多的研究工作。多指标结构方程模型并不是总是优于传统的OLS 交互作用分析。当测量有高信度，样本规模小，并且变量不服从多元正态分布时，OLS 方法更好。我们希望读者能够熟悉文献关于小规模样本和/或不利的情况下多元回归模型和结构方程模型，这样读者才可以采取明智合适的分析策略。

　　结构方程模型已经普及，但也不是没有批评的声音，罗苟萨（Rogosa，1987，1993）和弗里德曼（Freedman，1987，1991）就提出了强烈的批评。我们非常赞同他们所批评的问题。最终，研究者必须决定有意义的理论问题，然后再决定结构方程模型是否适合回答该研究问题，为了有效地应用结构方程模型，在做决定时，研究者必须熟悉数据及相关模型的假定。我们相信在这种情况下，结构方程模型的方法是有应用价值的。

附录 1：拟合优度指标

　　一般来讲，结构方程模型是通过检验模型是否和一组数据一致来评估理论模型的可行性。如果模型和数据一致，则模型被保留为一种可行的解释。如果模型与数据不一致，则拒绝该模型。

　　例如图 A.1 中的模型。该模型不包含潜变量而且假定观测测量中没有测量误差（即，模型假定观测测量和它所代表的潜变量完美地一致）。尽管不现实，但是这种简化可以给我们关于结构方程模型方法的基本感觉。图 A.1 模型关注的核心理论问题是儿童成长的家庭规模和儿童智力之间的关系。根据该模型，家庭规模会影响到父母分配给每个孩子的照料时间。一般来讲，在控制其他条件的情况下，相比子女少的父母而言，子女多的父母分配给每个孩子的时间要少。父母关心的减少反过来会影响儿童的智力发展。在图 A.1 中，e_1 和 e_2 分别是变量 Y（Z_1 和 Z_2）的误差项。它们表明除了模型设定的变量外还有其他因素影响父母给子女的时间以及儿童的智力。所有这些影响都包含在误差项 e 里。

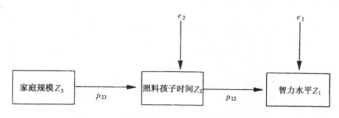

图 A.1   家庭规模与智力关系的路径模型

　为了简便起见,我们再增加一些在实际中不太可能的假定。具体来说,我们假定变量间的关系是线性的,每个变量的残差项都与其他不相关,而且残差项与 Y 变量的直接决定因素的残差不相关。

　图 A.1 中的模型可以表达为一系列的线性方程(称为结构方程)。为了便于我们后面的展示,这里我们采用标准化的得分。尽管主导理论只支持应用协方差,但是使用标准化变量有助于教育阐释。这些方程如下:

$$Z_1 = p_{12}Z_2 + e_1 \qquad [A.1]$$

$$Z_2 = p_{23}Z_3 + e_2 \qquad [A.2]$$

其中 Z_1 为智力的标准得分;Z_2 为父母对每个子女照料时间的标准得分;Z_3 为家庭规模的标准得分;误差项 e_1 和 e_2 代表了除了预测之外的其他影响标准的因素(读者要注意,这里的 e 并不是 LISREL 中的测量残差,在这里,它们和传统多元回归方程的表达一样,代表残差);p_{12} 和 p_{23} 是路径系数，其中路径系数下脚标的数字反映了路径系数的出发变量（下脚标中的第 1 个数字）和目的变量（下脚标中的第 2 个数字）。在上述设定中，这些方程的基础形式是线性方程（由于我们使用的是标准得分，所以没有截距），路径系数反映的是标准化回归系数。这些方程设定了图 A.1 中变量的基本关系。因此，智力是父母照料儿童时间的线性函数，而父母照料儿童的时间是家庭规模的线性函数。

三个测量的观测相关矩阵如下：

	家庭规模	照料时长	智力水平
家庭规模	1.00	−0.30	−0.60
照料时长	−0.30	1.00	0.30
智力水平	−0.60	0.30	1.00

我们使用相关矩阵而非协方差矩阵是因为所有的变量都已经标准化。图 A.1 中的模型反映了这种关于相关结构的理论。根据这个模型，智力和父母照料儿童时间是相关因为后者变量影响前者变量；同样地，家庭规模和父母照料儿童的时间是相关因为家庭规模影响到父母照料儿童时间。

该系统中任何两个变量的相关都可以通过模型中的路径系数来表达。例如，智力和父母照料儿童时间的相关系数。这一相关系数的著名方程如下

$$r_{23} = (1/N) \sum Z_2 Z_3 \qquad [A.3]$$

现在我们对这个方程进行代数变换。根据图 A.1 中的模型，$Z_2 = p_{23}Z_3 + e_2$。我们首先将这个方程的右边替换 Z_2，则 r_{23} 为：

$$r_{23} = (1/N) \sum (p_{23}Z_3 + e_2)Z_3 \qquad [A.4]$$

然后我们将乘积 $(p_{23}Z_3 + e_2)Z_3$ 展开，得到：

$$r_{23} = (1/N) \sum (p_{23}Z_3Z_3 + Z_3e_2) \qquad [A.5]$$

接下来，我们将表达分为两个求和部分，得到：

$$r_{23} = (1/N) \sum p_{23}Z_3Z_3 + (1/N) \sum Z_3e_2 \qquad [A.6]$$

由于 p_{23} 是常量，我们将其拿到求和部分的左边，得到：

$$r_{23} = p_{23}(1/N) \sum Z_3Z_3 + (1/N) \sum Z_3e_2 \qquad [A.7]$$

注意表达式 $(1/N) \sum Z_3Z_3$ 是相关系数的简单方程。在本例中，就是 Z_3 和它自己的相关系数，等于 1。同样，表达式 $(1/N) \sum Z_3e_2$ 是 Z_3 和 e_2 之间的相关系数，基于我们的假定，必须等于 0。从而得到：

$$r_{23} = (p_{23})(1.0) + 0$$
$$r_{23} = p_{23} \qquad [A.8]$$

即 Z_2 和 Z_3 的相关系数简单地为路径系数 p_{23}。

当我们检验 Z_1 和 Z_3 之间的相关系数，这一情境某种意义上更有趣。让我们重复这一过程。相关系数为：

$$r_{13} = (1/N) \sum Z_1 Z_3 \qquad [A.9]$$

根据图 A.1，$Z_1 = p_{12}Z_2 + e_1$，我们因而将这个方程的右边替换 Z_1，则 r_{13} 为：

$$r_{13} = (1/N) \sum (p_{12}Z_2 + e_1)Z_3 \qquad [A.10]$$

然后我们将 Z_3 乘以 $(p_{12}Z_2 + e_1)$ 的乘积项展开，得到：

$$r_{13} = (1/N) \sum (p_{12}Z_2 Z_3 + Z_3 e_1) \qquad [A.11]$$

接下来，我们将表达式分开为两个求和部分，得到：

$$r_{13} = (1/N) \sum p_{12}Z_2 Z_3 + (1/N) \sum Z_3 e_1 \quad [A.12]$$

由于 p_{12} 是常量，我们将其拿到求和部分的左边，得到：

$$r_{13} = p_{12}(1/N) \sum Z_2 Z_3 + (1/N) \sum Z_3 e_1 \quad [A.13]$$

注意表达式 $(1/N) \sum Z_2 Z_3$ 是相关系数的方程，在本例中，就是 Z_2 和 Z_3 的相关系数。根据上面的推导，该相关系数等于 p_{23}。表达式 $(1/N) \sum Z_3 e_1$ 是 Z_3 和 e_1 的相关系数为 0。从而得到：

$$r_{13} = (p_{12})(r_{23}) + 0$$
$$r_{13} = (p_{12})(p_{23}) \qquad [A.14]$$

在本例中，r_{13} 等于 p_{12} 和 p_{23} 的乘积。如果图 A.1 中的模型是正确的，由于 p_{12} 和 p_{23} 的值是已知的（它们简单地为相应变量的相关系数),我们就可以从观测数据中将两个路径系数相乘从而获得相关系数 r_{13} 的预测值。p_{12} 和 p_{23} 的值分别为 0.30 和 -0.30,因此 r_{13} 的预测值为两个系数相乘,即 -0.09。然而两个变量实际上的先关系数是 -0.60。由于预测相关系数和观测相关系数之间的差异很大,因而该模型是有问题的。

这是一个高度简化的例子,但是它展示了结构方程分析的基本逻辑。研究者首先设定一个他或她相信能够解释一组观测测量之间的方差和协方差的概念模型。基于这个模型,LISREL 尽可能地估计出一套能够再现方差和协方差矩阵的路径系数。然后将预测的方差和协方差同观测到的方差和协方差进行比较。如果预测值和观测值接近,则说明模型和数据一致。如果两者有显著的差异,则拒绝该模型。

对于图 A.1 中的模型,表 A.1 呈现了观测相关矩阵、预测相关矩阵,以及两个矩阵之间的差异(每个单元中都是用观测相关矩阵减去对应的预测相关矩阵)。后者矩阵被称为残差矩阵。完美拟合模型将使残差矩阵中的元素均为 0,即 0 矩阵。

表 A.1　观测矩阵、预测矩阵和残差矩阵

观测矩阵			预测矩阵			残差矩阵		
1.00	-0.30	-0.60	1.00	-0.30	-0.09	0.00	0.00	-0.51
-0.30	1.00	0.30	-0.30	1.00	0.30	0.00	0.00	0.00
-0.60	0.30	1.00	-0.09	0.30	1.00	-0.51	0.00	0.00

冗余的预测和观测协方差矩阵/相关矩阵

　　表 A.1 敏锐地揭示了结构方程模型中比较预测和观测的协方差矩阵/相关矩阵的逻辑。一方面，我们通过用模型的路径系数再现观测矩阵间的相关矩阵来评估模型的可行性。另一方面，我们同时利用相关矩阵得出路径系数的取值。由于路径系数中存在数学上的冗余，我们有时可以完美地预测某个相关系数。例如，我们通对过相关系数的分解发现 r_{23} 等于 p_{23}，在这种情况下，通过 p_{23} 来"预测" r_{23} 就是冗余的，从而造成了完美的"预测"。但 r_{13} 就没有这种情况。根据模型，r_{13} 应该等于 $p_{12}p_{23}$，我们发现并不是这样的。简言之，由于理论系统中存在数学上的冗余，观测协方差矩阵中的某些方差和协方差能被完美再现，而其他的方差和协方差却不能，只有在后者情况下预测值和观测值的差异才有意义。

　　由于数学上的冗余，在某些模型中，每一个观测的方差和协方差都可以被完美地预测，此类模型称作恰好识别模型,我们无法通过比较预测值和观测值的差异来评估这些模型。有些模型中至少有一个方差或协方差和潜在的路径系数不存在数学上的冗余,此类模型称作为过度识别模型,比较预测值和观测值对过度识别模型是有意义的,至少对那些非冗余是有意义的。还有一类模型是不可识别模型,即模型中的路径系数没有唯一解,路径系数存在着无数个可以再现观测方差和协方差矩阵的取值,无法识别模型在结构方程框架下是不能被检验的。

图 A.1 中的模型是过度识别模型,因为数据中有三个观测相关系数,而模型只需要估计两个路径系数。LISREL 会对模型的识别情况进行检查以确定分析的模型不是不可识别。在某些情况下,研究者也可以通过LISREL 输出结果报告的卡方拟合检验的自由度来判断该模型是恰好识别模型还是过度识别。如果卡方拟合优度检验的自由度为 0,则表明分析的模型为恰好识别模型,如果卡方检验的自由度大于 0,则表明分析的模型为过度识别模型。当然也有例外的情况。

得出预测的方差、协方差和相关系数

当得出能够最好地再现观测方差和协方差的路径系数的一组值时,有许多方法来衡量"最好"。例如,我们可以计算使得残差矩阵中每个单元的绝对值之和最小的路径值。或者我们可以得出使得残差矩阵中每个元素的平方之和最小的路径值。统计学家发现把最大似然标准最小化是有用的,如下所示:

$$F_{\text{ML}} = \log \mid S \mid - \log \mid \hat{S} \mid + \text{trace}[(S)(\hat{S}^{-1})] - k$$

$$[A.15]$$

其中 S 为观测样本的协方差矩阵,$\hat{S}$ 为预测的协方差矩阵,k 为样本协方差矩阵的序列,log 为自然对数函数。[7] 尽管这个拟合函数看起来很难,实际上它还是相当简单的。例如在一个完美拟合的模型中,S 等于 $\hat{S}$,即 S 的行列式等于 $\hat{S}$ 的行列式,二者行列式的对数差异为 0。同样地,$(S)(\hat{S}^{-1})$ 等于对角线为 1 的单位矩阵。对角线元素的和(通过迹函数)的值等于 k。从这个值中减去 k 得出 0。因此,对完美拟合的模型而言,F_{ML} 等于 0。在控制其他条件下,F_{ML} 的值越大,模型的拟合越差。

　　之所以统计学家选择最小化 F_{ML} 而非其他标准是因为 F_{ML} 有很好的统计特性。具体来说,可以计算每个路径系数的估计标准误而且还可以运用这些标准误来对路径系数进行传统的统计显著性检验。此外,F_{ML} 还可以用来定义一系列用来评估模型整体拟合情况的拟合优度指标,我们稍后会简要讨论这些指标。

　　尽管 F_{ML} 有很多较好的统计特性,但是,它也有其局限性(参考第 1 章)。在这些例子中,不同的最小化标准被使用。其他可替代的拟合标准包括未加权最小二乘法和加权最小二乘法标准。未加权最小二乘法和加权最小二乘法都是通过最小化残差矩阵中残差的平方和来实现。不同的是,加权最小二乘法在对残差项的平方求和之前对每个残差平方进行了根据经验确定的加权。因此,在得出那些能够"最好"地再现协方差矩阵的路径系数时,一些残差平方能比其他得到更多的加权。

模型拟合指标

在结构方程分析中，有很多不同的方法来描绘预测矩阵和观测协方差矩阵的整体一致程度。既有的文献已经提出了 30 多个指标，但是关于哪个指标最适合没有一致的结论。在这部分中，我们讨论一些我们（作为一个集体）认为对模型拟合提供了实用的视角的拟合指标。指标的选择要么是基于研究传统，要么是基于对拟合指标的正式的蒙特卡洛研究（例如，Bentlar，1990；Browne & Cudek，1993；Gerbing & Anderson，1993）。

模型拟合度的传统测量是卡方拟合指标。简单地将 F_{ML} 乘以 $N-1$，其中 N 为样本规模。当 F_{ML} 为 0 时，卡方为 0，即模型完美拟合。控制其他条件下，随着 F_{ML} 增加，卡方统计也会增加。由于提供了对原假设（模型可以在总体上完美拟合，即残差矩阵在总体上全为 0）正式的统计检验，卡方拟合方程还是很有用处的。在满足第 1 章所讨论的假定条件以及大样本规模的情况下，统计学家表明 F_{ML} 和 $N-1$ 的乘积是卡方分布，其自由度为：

$$df = \left[(0.5)(k)(k+1)+k\right] - t \qquad [\text{A}.16]$$

其中 k 为输入协方差矩阵的序列，t 为模型中需要估计的参数个数。[8]如果卡方统计显著(如，$p < 0.05$)，则表明总休中模型没有很好地拟合；如果卡方不统计显著，则表明模型很好地拟合。

卡方统计检验也受到了很多批评，主要包括：(1)在进行统计显著性检验时，并不总是卡方分布，尤其是小样本规模和非正态分布的数据；(2)会受到样本规模的影响，当样本规模比较大时，在评估模型时总会导致拒绝该模型。基于以上考虑，研究者还应该考虑卡方检验之外的其他拟合指标。

通常来说，一共有三类模型拟合指标。第一类拟合指标主要是通过各种方式来测量预测方差协方差和观测方差协方差的绝对差异。第二类拟合指标也比较绝对差异，但是增加了对非简约模型的惩罚，这是因为研究者总是可以通过在模型中不断增加路径系数(即要估计的参数)来增加模型的拟合度，最终可以完美地拟合(即模型变为恰好识别模型)。第二类拟合指标惩罚那些在指定要估计的参数时给予太多自由的研究者。第三类拟合指标比较绝对拟合模型和竞争或替代模型要么是先前设定的模型，要么在数据上是任意的模型。目前的经验是在评估模型拟合情况时应该同时考虑所有以上三类拟合指标。如果各类指标都表明模型拟合度好，就增进了我们对该模型的信心；如果根据不同的拟合指标得出了不同的关于模型可行性的结论，则说明我们需要谨慎。

下面我们推荐一些指标来评估模型拟合度。在第一类绝对拟合指标中，我们推荐卡方检验、拟合优度指标（goodness-of fit index，GFI）、标准化残差均方根指标（标准化的 RMR），以及向心性指标（centrality index，CI）。其中拟合优度指标为：

$$\text{GFI} = 1 - (F_{ML}/F_0) \qquad [\text{A.17}]$$

其中 F_0 是当模型中所有的参数都为 0 时的拟合函数（详细参见 Jöreskog & Sorbom，1983）。GFI 的取值范围是 0 到 1.00。值越大，表明模型拟合越好。既有文献推荐的首要原则是当 GFI 小于 0.90 时，说明模型的拟合差。我们推荐这个指标更多的是基于传统而非是基于近来蒙特卡洛研究关于这个统计量表现的研究。

标准化 RMR 指标指的是预测相关矩阵和观测相关矩阵的平均差异。[9] 因此，标准化 RMR 取值为 0.10 表明，平均而言预测相关矩阵偏离观测相关矩阵 0.1 个相关单位。标准化 RMR 取值越小，模型的拟合越好，最小可能值为 0。

基于大量的文献研究，戈宾和安德森（Gerbing & Anderson，1993）推荐采用麦克唐纳（McDonald，1989）提出的向心性指标（CI）。LISREL 并不提供 CI 指标，但是我们可以

通过下面的公式来从其输出中计算:

$$CI = \exp(-1/2d) \qquad [A.18]$$

其中 $d = (\chi_M^2 - df_M)/N$,χ_M^2 为是要评估模型的卡方拟合统计量,df_M 是要评估模型的自由度,N 为样本规模。CI 通常的取值范围为 0 到 1,得分越高表明模型拟合越好。CI 的值如果小于 0.90,则说明模型拟合不好。

在第二类拟合指标中,我们推荐近似误差均方根(root mean square error of approximation,RMSEA)以及与其相关的接近拟合统计量(Steiger & Lind,1980)。近似误差均方根的定义为:

$$RMSEA = (\hat{F}_{ML}/df)^{1/2} \qquad [A.19]$$

其中 df 请参考方程[A.16],$\hat{F}_{ML}$ 为 $\{F_{ML}-[df/(N-1)]\}$ 和 0 两者较大的一方。RMSEA 越小,则模型拟合越好。在完美拟合的模型中,RMSEA 等于 0。布朗和屈代克(Browne & Cudek,1993)提供了一个指导标准:RMSEA 小于 0.08,则意味着该模型是可以接受的;RMSEA 小于 0.05,则说明模型拟合好。布朗和屈代克(Browne & Cudek,1993)还认为传统的关于模型拟合的卡方检验太严格了,因为它是在检验总体中的完美模型,这在实际研究中很少见。故而,他们设计了很有影响力的"接近"拟合模型,判断接近的标准就是 RMSEA 是否等于或小于 0.05。因此 RMSEA 统计量总是伴随着检验接近拟合(CFit)的 p 值,如果 CFit 的 p

值统计不显著($p > 0.05$),则说明模型拟合好。

在第三类拟合指标中,我们主要推荐比较拟合指标(comparative fit index, CFI),或与其相对立的 RNI(Goffin, 1993), CFI 的定义为:

$$CFI = 1 - \tau/\tau_i \qquad [A.20]$$

其中 τ 为 $[(N-1)(F_{ML}) - df]$ 和 0 两者较大的一方,τ_i 为 $[(N-1)(F_{ID}) - df]$ 和 0 两者较大的一方,F_{ID} 是估计"独立"模型或者"零"模型最大似然拟合函数的值。所谓"零模型"是指观测变量之间没有任何相关关系的模型。这一模型在大部分研究情境下不是可行的,但可以用来定义 CFI。尽管零模型是有问题的,但是 CFI 已经被证明是很好的评估模型拟合情况的指标,尤其是在小样本分析中(参见 Benlter, 1990)。CFI 的取值范围是 0 到 1.0,数值越大表明模型拟合越好。一般认为 CFI 小于 0.90 的模型是有问题的。戈宾和安德森(Gerbing & Anderson, 1993)推荐使用由博伦(Bollen, 1989)提出的 DELTA2 拟合指标。LISREL 8 输出中提供这个指标,不过在 LISREL 中叫作增进拟合指标(Incremental Fit Index, IFI)。DELTA2 的值越大表明模型拟合越好。一般来讲,DELTA2 的取值为 0 到 1.0,但也有可能超过 1.0。

总之,如果模型具备以下几个特征,则说明该模型的拟合优度是合理的。这些条件是:模型卡方检验统计不显著,标准化 RMR 小(小于 0.05),GFI 大(大于 0.90),CI 大(大于 0.90),RMSEA 值小(小于 0.08),接近拟合(CFit)检验不显著,CFI 的值大(大于 0.90),DELTA2 值大(大于 0.90)。如果模型在以上拟合指标上表现不好,则说明该模型是值得怀疑的。当模型的各个拟合指标出现不一致的情况时(即,有些指标显示模型拟合好,而有些指标则说明模型拟合差),研究者在确认模型时要特别谨慎。在以上各个拟合指标中,由于需要强统计假定,研究者可能需要对传统的卡方检验进行诊断。关于这些指标的讨论,请参考博伦和朗(Bollen & Long,1993)。关于运用这些好模型拟合指标经验法则的讨论,请参考胡和本特勒(Hu & Bentler,1995)。

除了总体模型的拟合指标外,LISREL 还提供了关于模型具体特征的拟合情况。第一个是修正指数(modification index),该指数是基于先前固定的路径系数或者协方差的值(通常是 0)而得出的。修正指数是关于如果参数没有被固定在 0,而是没有限定进行估计时,模型拟合的整体卡方值会降低多少。一个拟合好的模型不仅在整体拟合指标上表现优异,而且应该具有较小的修正指数。[10]接近于 4.0 的模型修正指数通常表明,如果释放该参数并且重新估计的话,模型的卡方值会出现显著的减少($p < 0.05$)。然而,卡方值的统计显著减少并不总是可以转化为可估计的参数和限定值的变化,并且也应该用上这种作用规模标

准。关于修正指数的讨论，请参考卡普兰（Kaplan，1990）及其相关的评论。

第二个关于差拟合的特定指标是标准化残差。标准化残差是在输入数据矩阵中具体的协方差和预测协方差之间的差异除以差异的估计标准误。[11]它类似于抽样分布中的标准得分，可以粗糙地用 z 值来解释。大的正或负标准化残差值意味着模型没有很好地拟合在协方差方面。较差的拟合通常可以追溯到模型设定中的某个具体部分。一般来讲，拟合好的模型会产生比较一致的小标准化残差。标准化残差的大小会受到样本规模的影响（在控制其他条件下，大的样本规模通常会产生更大的标准化残差）。因此，研究者在解释标准化残差时，必须考虑到样本规模的影响（关于该统计量的更详细讨论，请参考 Jöreskog & Sorbom，1993）。

第三个关于在特定参数水平下差拟合的方法是考察 LISREL 输出的参数值（及其标准误）。如果参数的取值并没有统计意义（例如，相关系数大于 1.0 或者取值为负的方差）或者现实意义，那么该模型就是有问题的。关于如何处理这种"冒犯的估计"的讨论，请参考沃特克（Wothke，1993）；关于总体上评估模型方法的讨论，请参考乔约克（Jöreskog，1993）。

附录 2：例子中使用的数据集

本附录列出了本书中所有例子的协方差矩阵。数据以下三角形式呈现。变量的顺序和相应章节程序中 LA 行中的顺序一致。如果数据集被忽略，则表示它已经出现在文本中了。

第 2 章

表 B.1　性别作为候选人个人特性与选举获胜之间关系的调节变量

男性							女性						
21.1							39.4						
18.5	21.4						37.1	39.2					
19.3	19.2	21.1					37.9	37.6	40.5				
5.3	5.6	5.7	7.9				11.1	11.2	11.4	7.8			
5.0	4.8	5.2	5.2	6.5			10.0	9.8	10.3	5.2	6.9		
5.1	5.3	5.2	0.2	0.0	6.3		5.3	5.7	5.5	0.2	0.9	6.8	
5.4	5.6	5.3	0.1	0.0	4.7	6.7	5.6	6.1	5.5	0.1	0.0	4.5	6.7

表 B.2　种族作为候选人个人特性与选举获胜之间关系的调节变量

非裔美国人							西班牙裔						
21.3							39.5						
18.1	21.5						37.3	39.3					
19.7	19.1	21.3					38.2	37.3	40.6				
5.3	5.3	5.7	7.5				11.5	11.3	11.6	7.5			
5.0	4.7	5.1	5.4	6.3			10.3	9.6	10.2	5.5	6.7		
5.4	5.3	5.5	0.3	0.1	6.1		5.7	5.5	5.7	0.1	0.7	6.3	
5.0	5.5	5.9	0.2	0.1	4.5	6.5	5.6	6.3	5.9	0.2	0.1	4.9	6.8

白人						
25.1						
21.9	22.9					
22.5	21.3	24.1				
3.2	2.3	2.7	8.4			
3.9	3.4	3.2	3.7	4.9		
8.4	9.0	8.3	2.2	1.2	7.3	
8.9	9.5	9.2	1.8	1.3	5.9	8.6

表 B.3 性别和党派认同(民主党 vs.共和党)作为判断候选人个人特性与判断选举获胜之间关系的调节变量

男性民主党							女性民主党						
21.0							20.4						
18.9	21.0						18.5	20.6					
19.5	19.2	21.7					19.1	18.9	21.5				
5.6	5.6	5.9	7.6				4.3	4.3	4.6	8.1			
5.0	4.8	5.2	5.2	6.8			4.9	4.9	5.2	5.5	6.7		
5.2	5.4	5.3	0.2	0.0	6.5		5.7	5.9	5.7	0.6	0.4	6.6	
5.5	5.8	5.5	0.1	0.0	4.8	6.9	5.7	6.2	5.9	0.0	0.0	4.9	7.2

男性共和党							女性共和党						
25.1							39.2						
21.9	22.9						37.1	39.1					
22.5	21.3	24.1					38.0	37.6	40.3				
3.2	2.3	2.7	8.4				11.1	11.2	11.4	7.6			
3.9	3.4	3.2	3.7	4.9			10.1	9.9	10.3	5.2	6.8		
8.4	9.0	8.3	2.2	1.2	7.3		5.5	5.7	5.5	0.2	0.9	6.5	
8.9	9.5	9.2	1.8	1.3	5.9	8.6	5.8	6.1	5.8	0.1	0.0	4.8	6.9

表 B.4 性别和党派认同(民主党 vs.共和党 vs.无党派)作为判断候选人个人特性与判断选举获胜之间关系的调节变量

男性无党派							女性无党派						
24.2							25.3						
21.5	22.7						21.5	22.7					
22.9	22.1	25.6					22.3	21.2	24.3				
6.7	6.5	6.9	8.2-				7.4	6.4	6.6	8.5			
5.4	5.3	5.8	5.2	6.1			4.8	4.5	4.3	4.8	4.8		
6.3	6.6	6.5	1.2	0.8	6.6		8.3	9.1	8.4	2.3	1.3	7.4	
6.9	7.2	7.3	0.6	0.8	5.2	7.8	8.8	9.4	9.3	1.9	1.4	5.8	8.8

注:请用上面的数据(表 B.3)加上这里列出的这两组数据(表 B.4)

第 3 章

表 B.5   **年龄(7 岁、12 岁、17 岁的比较)作为母亲的温暖与社会发展之间关系的调节变量**

80.5																	
58.6	56.5																
53.5	44.3	49.9															
11.4	10.2	10.0	5.9														
10.8	8.9	8.9	3.6	4.2													
11.3	9.0	8.9	3.7	3.1	4.4												
18.9	14.9	14.6	3.4	5.9	4.1	59.6											
15.5	12.9	13.5	2.3	4.8	3.6	41.8	45.4										
13.7	11.7	12.4	2.4	4.5	3.0	41.7	37.4	47.3									
9.9	7.4	7.1	2.4	2.2	2.3	7.9	6.6	5.6	5.5								
8.1	6.5	5.9	2.2	2.1	2.2	7.1	6.3	5.6	3.4	4.3							
6.3	5.3	4.7	1.7	1.8	1.6	5.8	5.0	4.4	3.2	2.6	3.5						
17.6	14.8	14.6	2.7	2.8	3.1	12.1	9.5	11.7	2.2	2.7	1.2	51.7					
18.5	16.6	15.2	3.0	2.5	3.4	7.5	6.1	8.1	1.7	2.6	1.7	38.1	45.3				
14.7	14.1	11.7	3.0	2.7	3.0	8.8	6.4	9.8	2.8	2.3	1.7	36.3	32.7	41.2			
7.5	6.7	5.6	2.3	2.0	2.2	4.3	4.6	4.2	2.1	2.4	1.7	5.6	6.1	6.1	5.3		
7.2	5.9	5.2	2.1	1.9	1.9	2.3	2.1	2.0	1.5	1.9	1.2	4.0	4.9	4.2	3.1	3.9	
9.0	7.2	5.4	2.0	1.8	1.8	3.7	3.6	2.9	2.1	2.2	1.5	5.2	5.7	5.0	3.6	3.0	4.7

表 B.6   性别和年龄作为母亲的温暖与社会发展之间关系的调节变量

男孩

85.3											
63.8	62.1										
59.6	47.7	54.1									
13.7	11.2	10.9	5.8								
11.5	9.4	8.9	3.6	4.1							
12.6	10.3	9.9	3.6	3.0	4.7						
19.0	14.0	14.7	3.3	4.9	3.2	52.9					
13.6	10.7	14.5	1.5	3.2	2.4	35.4	43.1				
16.1	13.0	14.7	2.1	3.8	2.1	33.1	30.5	39.7			
11.1	8.1	8.7	2.5	2.0	2.5	3.6	2.7	1.4	5.3		
8.9	7.3	7.2	2.3	2.1	2.1	4.7	3.1	2.8	3.3	4.0	
7.1	5.9	6.1	1.8	1.7	1.6	3.5	2.4	2.0	3.0	2.6	3.4

女孩

84.7											
62.8	60.8										
59.3	47.0	53.6									
31.7	24.5	25.2	75.4								
23.7	19.3	22.7	53.9	58.2							
26.4	21.6	23.0	50.3	44.7	52.5						
13.6	11.0	10.8	6.8	4.3	4.9	5.7					
11.3	9.2	8.8	7.9	5.7	6.2	3.5	4.0				
12.3	10.1	9.8	6.1	4.9	4.5	3.5	3.0	4.6			
10.8	7.8	8.4	9.2	7.5	6.2	2.4	2.0	2.3	5.2		
8.8	7.2	7.1	9.4	7.0	6.7	2.2	2.1	2.1	3.2	3.9	
6.9	5.8	5.9	7.7	5.9	5.5	1.8	1.7	1.5	3.0	2.5	3.4

第 4 章

表 B.7　亲子关系质量作为同辈压力和毒品使用之间关系的调节变量

协方差矩阵

2.05									
1.56	1.60								
1.54	1.33	1.59							
0.42	0.34	0.36	0.58						
0.28	0.22	0.25	0.29	0.26					
0.25	0.22	0.22	0.30	0.19	0.28				
−0.05	−0.03	−0.05	0.26	0.15	0.16	0.76			
0.00	−0.01	−0.03	0.20	0.11	0.13	0.48	0.42		
−0.03	−0.01	−0.04	0.19	0.11	0.12	0.47	0.33	0.42	
−0.38	−0.36	−0.33	0.02	−0.01	0.00	0.04	0.03	0.02	0.51

均值

3.74	3.68	3.69	0.01	3.01	2.99	0.01	0.00	−0.01	0.26

注释

[1] 我们通常提及的"调节"变量是指，调节了一个变量对另一个变量的影响。从理论层面上来讲，这表明了交互作用的非对称性。从统计上来讲，传统的乘积项分析是建立在对称的交互作用之上的（参见Jaccard，Turrisi & Wan，1990）。

[2] LISREL 程序中还有其他的矩阵关注潜变量的均值和截距，以及 X 观测变量和 Y 观测变量之间的相关测量误差（TH 矩阵）。这些在本书第 4 章中或乔约克斯和索邦（Jöreskog & Sorbom，1993）有讨论。

[3] 虽然也有例外，但这与我们的讨论不相关。

[4] 在这个及之后的程序中，每个程序行都有一个独特的数字来表示。如果该行没有用数字来标注（例如第 6 行下面的 PS = SY PH = SY），则表示该行承接前面一行。这种情况出现在由于排版，一行无法写完所有的命令。

[5] LISREL8 手册并没有表明可以进行 $(a-b) = (c-d)$ 这种形式的限定，可是用其代数等同变换来表示单一参数在方程左侧的形式，$a = (c-d) + b$ 是可以的。尽管如此，我们发现 LISREL 排除了 $(a-b) = (c-d)$ 这种形式的限定，以及另一种可以得出相同结果的形式［如，$a = (c-d) + b$］。出于教学的目的，在本书中我们会采用不同方法。然而在实践中，你应该仔细检查其他规格的结果，从而避免由于程序错误而造成的问题。

[6] 对于多组方案，LISREL 提供了以"常用度量完全标准化解"为特征的标准化系数。在这些标准化系数中，一个不同组的合并协方差矩阵被用来进行标准化。在本书的分析中，我们不推荐运用此种类型的系数。

[7] 非正定的（即，非奇异的 S 矩阵或者 $\hat{S}$ 矩阵会阻碍通过最大似然最小化函数，因为如果有非正定的矩阵，有可能会出现对 0 取对数的情况，这是不可能的。

[8] 这里的自由度与固定外生变量有所不同（参见 Bollen，1989：127）。

[9] 从技术上来讲，这是均方根的均值而非简单的算术均值。

[10] 这个经验法则也存在例外情况。参见卡普兰（Kaplan，1990）。

[11] 关于标准化残差的 LISREL 定义与其他结构方程模型计算软件包有所不同。例如，EQS 计算程序把标准化残差定义为预测相关系数与观测相关系数之间的差异。

参考文献

AIKEN, L., and WEST, S.(1991) *Multiple Regression*. Newbury Park, CA: Sage.

ALEXANDER, R. A., and DeSHON, R. P.(1994) "Effect of error variance heterogeneity on the power of tests for regression slope differences." *Psychological Bulletin* 115:308—313.

ALLISON, P.(1987) "Estimation of linear models with incomplete data." In C. C. Clogg(Ed.), *Sociological Methodology*(pp.71—103). San Francisco: Jossey-Bass.

ANDERSON, N. H. (1981) *Foundations of Information Integration Theory*. New York: Academic Press.

ANDERSON, N. H.(1982) *Methods of Information Integration Theory*. New York: Academic Press.

ANDERSON, T. W.(1984) *An Introduction to Multivariate Statistical Analysis*. New York: Wiley.

ATKINSON, A. C.(1985) *Plots, Transformations and Regression*. Oxford, UK: Clarendon.

BAGGALEY, A. R.(1982) "Deciding on the ratio of the number of subjects to number of variables in factor analysis." *Multivariate Experimental Clinical Research* 6:81—85.

BENTLER, P. (1990) "Comparative fit indices in structural models." *Psychological Bulletin* 107:238—246.

BENTLER, P. M.(1993) *EQS Program Manual*. Los Angeles: BMD.

BERRY, W. D. (1993) *Understanding Regression Assumptions*. Sage University Papers series on Quantitative Applications in the Social Sciences, 07—092. Newbury Park, CA: Sage.

BIELBY, W. T.(1986a) "Arbitrary metrics in multiple indicator models." *Sociological Methods and Research* 15:3—23.

BIELBY, W. T. (1986b) "Arbitrary normalizations." *Sociological Methods and Research* 15:62—63.

BOHRNSTEDT, G. W., and CARTER, T. M.(1971) "Robustness in regression analysis." In H. L. Costner(Ed.), *Sociological Methodology* (pp.118—146). San Francisco: Jossey-Bass.

BOLLEN, K. A. (1987) "Outliers and improper solutions: A confirmatory factor analysis example." *Sociological Methods and Research* 15:375—384.

BOLLEN, K. A. (1989) *Structural Equations With Latent Variables*. New York: Wiley.

BOLLEN, K. A. (in press) "Structural equation models that are nonlinear in latent variables: A least squares estimator." *Sociological Methodology*.

BOLLEN, K. A., and LONG, J. S. (Eds.) (1993) *Testing Structural Equation Models*. Newbury Park, CA: Sage.

BOLLEN, K. A., and STINE, R. A. (1993) "Bootstrapping goodness of fit measures in structural equation models." In K. A. Bollen and J. S. Long (Eds.), *Testing Structural Equation Models* (pp. 111—135). Newbury Park, CA: Sage.

BOOMSMA, A. (1983) *On the Robustness of LISREL (Maximum Likelihood Estimation) Against Small Sample Size and Non-normality*. Unpublished doctoral dissertation, University of Groningen, The Netherlands.

BRAY, J. H., and MAXWELL, S. E. (1985) *Multivariate Analysis of Variance*. Sage University Papers series on Quantitative Applications in the Social Sciences, 07—054. Beverly Hills, CA: Sage.

BROWNE, M. W. (1983) "Asymptotic comparison of missing data procedures for estimating factor loadings." *Psychometrika* 48:269—291.

BROWNE, M. W., and CUDEK, R. (1993) "Alternative ways of assessing model fit." In K. Bollen and J. S. Long (Eds.), *Testing Structural Equation Models* (pp. 136—162). Newbury Park, CA: Sage.

BUSEMEYER, J., and JONES, L. (1983) "Analysis of multiplicative combination rules when the causal variables are measured with error." *Psychological Bulletin* 93:549—562.

BYRNE, B. M., SHAVELSON, R. J., and MUTHÉN, B. (1989) "Testing for the equivalence of factor covariance and mean structures: The issue of partial measurement invariance." *Psychological Bulletin* 105:456—466.

CATTELL, R. B. (1978) *The Scientific Use of Factor Analysis in Behavioral and Life Sciences*. New York: Plenum.

CHOU, C. P., BENTLER, P., and SATORRA, A. (1991) "Scaled test statistics and robust standard errors for non-normal data in covariance structure analysis: A Monte Carlo study." *British Journal of Mathematical and Statistical Psychology* 44:347—357.

COHEN, J. (1988) *Statistical Power Analysis for the Behavioral Sciences*. Hillsdale, NJ: Lawrence Erlbaum.

COHEN, J., and COHEN, P. (1983) *Applied Multiple Regression/Correlation for the Behavioral Sciences*. Hillsdale, NJ: Lawrence Erlbaum.

COLE, D. A., MAXWELL, S. E., ARVEY, R., and SALAS, E. (1993) "Multivariate group comparisons of variable systems: MANOVA and structural equation modeling." *Psychological Bulletin* 114:174—184.

COMREY, A. L. (1978) "Common methodological problems in factor analytic studies." *Journal of Consulting and Clinical Psychology* 46: 648—659.

CUDEK, R. (1989) "Analysis of correlation matrices using covariance structure models." *Psychological Bulletin* 105:317—326.

DANIEL, C., and WOOD, F. S. (1980). *Fitting Equations to Data*. New York: Wiley.

EMERSON, J. D., and STOTO, M. A. (1983) "Transforming data." In D. C. Hoaglin, F. Mosteller, and J. Tukey (Eds.), *Understanding Robust and Exploratory Data Analysis* (pp. 97—127). New York: Wiley.

FORD, B. L. (1983) "An overview of hot-deck procedures." In W. G. Madow, I. Olkin, and D. B. Rubin (Eds.), *Incomplete Data in Sample Surveys* (Vol.2, pp.185—207). New York: Academic Press.

FREEDMAN, D. A. (1987) "As others see us: A case study in path analysis." *Journal of Educational Statistics* 12:101—128.

FREEDMAN, D. A. (1991) "Statistical methods and shoe leather." In P. Marsden (Ed.), *Sociological Methodology 1991* (pp. 222—242). Washington, DC: American Sociological Association.

GERBING, D. W., and ANDERSON, J. C. (1993) "Monte Carlo evaluations of goodness of fit indices for structural equation models." In K. Bollen and J. S. Long (Eds.), *Testing Structural Equation Models* (pp.40—65). Newbury Park, CA: Sage.

GILLEY, O. W., and LEONE, R. P. (1991) "A two stage imputation procedure for item nonresponse in surveys." *Journal of Business Research* 22:281—291.

GOFFIN, R. D. (1993) "A comparison of two new indices for the assessment of fit in structural equation models." *Multivariate Behavioral Research* 28:205—214.

GUADAGNOLI, E., and VELICER, W. F. (1988) "Relation of sample size to the stability of component patterns." *Psychological Bulletin* 103:265—275.

HARLOW, L. L. (1985) *Behavior of Some Elliptical Theory Estimators With Non-Normal Data in a Covariance Structure Framework: A Monte Carlo Study.* Unpublished doctoral dissertation, University of California, Los Angeles.

HENRY, N. W. (1986) "On arbitrary metrics and normalization issues." *Sociological Methods and Research* 15:59—61.

HOLLAND, B. S., and COPENHAVER, M. (1988) "Improved Bonferroni-type multiple testing procedures." *Psychological Bulletin* 104:145—149.

HOLM, S. (1979) "A simple sequentially rejective multiple test procedure." *Scandinavian Journal of Statistics* 6:65—70.

HU, L., and BENTLER, P. M. (1995) "Evaluating model fit." In R. H. Hoyle(Ed.), *Structural Equation Modeling: Concepts, Issues, and Applications*(pp.76—99). Thousand Oaks, CA: Sage.

HU, L., BENTLER, P. M., and KANO, Y. (1992) "Can test statistics in covariance structure analysis be trusted?" *Psychological Bulletin* 112:351—362.

JACCARD, J., BECKER, M., and WOOD, G. (1984) "Pairwise multiple comparisons: A review." *Psychological Bulletin* 96:589—596.

JACCARD, J., TURRISI, R., and WAN, C. K. (1990) *Interaction Effects in Multiple Regression.* Sage University Papers series on Quantitative Applications in the Social Sciences, 07—072. Newbury Park, CA: Sage.

JACCARD, J., and WAN, C. K. (1994) *Measurement Error in the Analysis of Interaction Effects With Qualitative Moderator Variables and Continuous Predictor Variables: A Multiple Indicator Approach.*

Unpublished manuscript, University at Albany, State University of New York.

JACCARD, J., and WAN, C. K. (1995a) "Measurement error in the analysis of interaction effects between continuous predictors using multiple regression: Multiple indicator and structural equation approaches." *Psychological Bulletin* 117:348—357.

JACCARD, J., and WAN, C. K. (1995b) *Non-Normality in Latent Variables in the Estimation of Coefficients Associated With Product Terms*. Unpublished manuscript, University at Albany, State University of New York.

JOHNSTON, J. (1984) *Econometric Methods*. New York: McGraw-Hill.

JÖRESKOG, K. (1993) "Testing structural equation models." In K. Bollen and J. S. Long (Eds.), *Testing Structural Equation Models* (pp.294—316). Newbury Park, CA: Sage.

JÖRESKOG, K., and SORBOM, D. (1993) *LISREL VIII*. Chicago: Scientific Software.

JÖRESKOG, K., and YANG, F. (1996) "Non-linear structural equation models: The Kenny-Judd model with interaction effects." In G. Marcoulides and R. Schumacker (Eds.), *Advanced Structural Equation Modeling* (pp.57—88). Hillsdale, NJ: Lawrence Erlbaum.

KAPLAN, D. (1990) "Evaluating and modifying covariance structure models: A review and recommendation." *Multivariate Behavioral Research* 25:137—155.

KAPLAN, D. (1995) "Statistical power in structural equation modeling." In R. H. Hoyle (Ed.), *Structural Equation Modeling: Concepts, Issues, and Applications* (pp.100—117). Thousand Oaks, CA: Sage.

KENNY, D. A. (1979) *Correlation and Causation*. New York: Wiley.

KENNY, D. A., and JUDD, C. M. (1984) "Estimating the nonlinear and interactive effects of latent variables." *Psychological Bulletin* 96: 201—210.

KEPPEL, G. (1982) *Design and Analysis: A Researcher's Handbook* (2nd ed.). Englewood Cliffs, NJ: Prentice Hall.

KIIVERI, H. T. (1987) "An incomplete data approach to the analysis of covariance structures." *Psychometrika* 52:539—554.

KIM, J., and FERREE, G. (1981) "Standardization in causal analysis."

Sociological Methods and Research 10:22—43.

KUHNEL, S.(1988) "Testing MANOVA designs with LISREL." *Sociological Methods and Research* 16:504—523.

LEE, S. Y. (1986) "Estimation for structural equation models with missing data." *Psychometrika* 51:93—99.

LITTLE, R., and RUBIN, D.(1987) *Statistical Analysis With Missing Data.* New York: Wiley.

LOEHLIN, J. C.(1987) *Latent Variable Models: An Introduction to Factor, Path, and Structural Analysis.* Hillsdale, NJ: Lawrence Erlbaum.

LOO, R.(1983) "Caveat on sample sizes in factor analysis." *Perceptual and Motor Skills* 56:371—374.

McCLELLAND, G. H., and JUDD, C. M.(1993) "Statistical difficulties of detecting interactions and moderator effects." *Psychological Bulletin* 114:376—389.

McDONALD, R.(1989) "An index of goodness of fit based on non-centrality." *Journal of Classification* 6:97—103.

MALHOTRA, N. K.(1987) "Analyzing marketing research data with incomplete information on the dependent variable." *Journal of Marketing Research* 24:74—84.

MARASCULIO, L. A., and LEVIN, J. R.(1983) *Multivariate Statistics in the Social Sciences.* Monterey, CA: Brooks/Cole.

MUTHÉN, B.(1989) "Latent variable modeling in heterogeneous populations." *Psychometrika* 54:557—585.

MUTHÉN, B., and JÖRESKOG, K.(1983) "Selectivity problems in quasi-experimental studies." *Evaluation Review* 7:807—811.

MUTHÉN, B., KAPLAN, D., and HOLLIS, M.(1987) "On structural equation modeling with data that are not missing completely at random." *Psychometrika* 52:431—462.

PING, R. A.(1994) "Does satisfaction moderate the association between alternative attractiveness and exit intention in a marketing channel?" *Journal of the Academy of Marketing Science* 22:364—371.

PING, R. A.(1995) "A parsimonious estimating technique for interaction and quadratic latent variables." *Journal of Marketing Research* 42:336—347.

PING, R. A.(1996) "Latent variable interaction and quadratic effect estimation: A two-step technique using structural equation analysis." *Psychological Bulletin*, *119*, 166—175.

PRUZEK, R. M., and LEPAK, G. M. (1992) "Weighted structural regression: A broad class of adaptive methods for improving linear prediction." *Multivariate Behavioral Research* 27:95—129.

RASMUSSEN, J. (1988) "Evaluating outlier identification tests: Mahalanbois D squared and Comrey's Dk." *Multivariate Behavioral Research* 23:189—202.

RAYMOND, M. R., and ROBERTS, D. M. (1987) "A comparison of methods for treating incomplete data in selection research." *Educational and Psychological Measurement* 9:395—420.

ROGOSA, D. R. (1987) "Causal models do not support scientific conclusions: A comment in support of Freedman." *Journal of Educational Statistics* 12:185—195.

ROGOSA, D. R. (1993) "Individual unit models versus structural equations: Growth curve examples." In K. Haagen, D. Bartholomew, and M. Deistler (Eds.), *Statistical Modeling and Latent Variables* (pp.259—281). New York: North Holland.

ROTH, P. L. (1994) "Missing data: A conceptual review for applied psychologists." *Personnel Psychology* 47:537—560.

RUMMEL, R. (1970) *Applied Factor Analysis*. Evanston, IL: Northwestern University Press.

SARIS, W. E., and SATORRA, A. (1993) "Power evaluations in structural equation models." In K. Bollen and J. S. Long(Eds.), *Testing Structural Equation Models* (pp.181—204). Newbury Park, CA: Sage.

SEAMAN, M. A., LEVIN, K. R., and SERLIN, R. C. (1991) "New developments in pairwise multiple comparisons: Some powerful and practicable procedures." *Psychological Bulletin* 110:577—586.

SHARMA, S., DURVASULA, S., and DILLON, W. (1989) "Some results on the behavior of alternate covariance structure estimation procedures in the presence of non-normal data." *Journal of Marketing Research* 26:214—221.

SOBEL, M. E., and ARMINGER, G. (1986) "Platonic and operational true scores in covariance structure analysis." *Sociological Methods and Research* 15:44—58.

STEIGER, J. H., and LIND, J. C.(1980) *Statistically Based Tests for the Number of Common Factors.* Paper presented at the Annual Meeting of the Psychometric Society, Iowa City.

STINE, R.(1989) "Introduction to bootstrap methods: Examples and ideas." *Sociological Methods and Research* 8:243—291.

STONE, C. A., and SOBEL, M. E.(1990) "The robustness of estimates of total indirect effects in covariance structure models estimated by maximum likelihood." *Psychometrika* 55:337—352.

STONE, E. F., and HOLLENBECK, J. R.(1989) "Clarifying some controversial issues surrounding statistical procedures for detecting moderator variables: Empirical evidence and related matters." *Journal of Applied Psychology* 74:3—10.

TIMM, N.(1970) "The estimation of variance-covariance and correlation matrices from incomplete data." *Psychometrika* 35:417—438.

TOWNSEND, J. T.(1990) "Truth and consequences of ordinal differences in statistical distributions: Toward a theory of hierarchical inference." *Psychological Bulletin* 108:551—569.

TOWNSEND, J., and ASHBY, F.(1984) "Measurement scales and statistics: The misconception misconceived." *Psychological Bulletin* 96:394—401.

WEGENER, B.(1982) *Social Attitudes and Psychological Measurement.* Hillsdale, NJ: Lawrence Erlbaum.

WEST, S., FINCH, J. F., and CURRAN, P. J.(1995) "Structural equation models with nonnormal variables: Problems and remedies." In R. H. Hoyle (Ed.), *Structural Equation Modeling: Concepts, Issues, and Applications*(pp.56—75). Thousand Oaks, CA: Sage.

WILLIAMS, R., and THOMSON, E.(1986a) "Normalization issues in latent variable modeling." *Sociological Methods and Research* 15: 24—43.

WILLIAMS, R., and THOMSON, E.(1986b) "Problems needing solutions or solutions needing problems?" *Sociological Methods and Research* 15:64—68.

WOTHKE, W.(1993) "Nonpositive definite matrices in structural equation modeling." In K. Bollen and J. S. Long(Eds.), *Testing Structural Equation Models*(pp.256—293). Newbury Park, CA: Sage.

译名对照表

bootstrap method	自助法
centrality index(CI)	向心性指标
comparative fit index(CFI)	比较拟合指标
criterion variable	标准变量
goodness of fit	拟合优度
goodness-of-fit index(GFI)	拟合优度指标
imputation	填补法
incremental fit index(IFI)	增进拟合指标
interaction effect	交互作用
latent variable	潜变量
listwise deletion	个案剔除法
main effect	主作用
measurement error	测量误差
mediator variable	调节变量
Monte Carlo	蒙特卡洛研究
modification index	修正指数
multivariate normality	多元正态分布
ordinary least squares(OLS)	普通最小二乘法
pariwise deletion	成对删除法
path coefficient	路径系数
predictor variable	预测变量
product term	乘积项
reference indicator	参照指标
root mean square error(RMSEA)	误差均方根
standardized root mean square residual(RMR)	标准化残差均方根
statistical power	统计效力
structure equation model(SEM)	结构方程模型
Type Ⅰ Error	第一类错误
Type Ⅱ Error	第二类错误
weighted least squares(WLS)	加权最小二乘法

图书在版编目(CIP)数据

LISREL 方法：多元回归中的交互作用/(美)詹姆斯·杰卡德,(美)崔凯万著；李忠路译.—上海：格致出版社：上海人民出版社,2018.2
(格致方法·定量研究系列)
ISBN 978－7－5432－2629－6

Ⅰ.①L… Ⅱ.①詹… ②崔… ③李… Ⅲ.①多元回归分析-研究 Ⅳ.①0212.1

中国版本图书馆 CIP 数据核字(2018)第 010717 号

责任编辑　　贺俊逸

格致方法·定量研究系列

LISREL 方法：多元回归中的交互作用

[美] 詹姆斯·杰卡德
　　　崔凯万　　　　著

李忠路 译　周穆之 校

出　版	世纪出版股份有限公司　格致出版社 世纪出版集团　上海人民出版社 (200001　上海福建中路 193 号　www.ewen.co) 编辑部热线　021-63914988 市场部热线　021-63914081 www.hibooks.cn	印　刷	浙江临安曙光印务有限公司
		开　本	920×1168　1/32
		印　张	6.75
		字　数	112,000
		版　次	2018 年 2 月第 1 版
发　行	上海世纪出版股份有限公司发行中心	印　次	2018 年 2 月第 1 次印刷

ISBN 978－7－5432－2629－6/C·188　　　　　　　定价：35.00 元

格致方法·定量研究系列